薏苡种质资源
描述规范和数据标准

Descriptors and Data Standard for Job's Tears
(*Coix lacryma–jobi* L.)

石　明　李祥栋　秦礼康　主编

U0380721

中国农业出版社

图书在版编目 (CIP) 数据

薏苡种质资源描述规范和数据标准/石明，李祥栋，秦礼康主编 . —北京：中国农业出版社，2017.8
ISBN 978 - 7 - 109 - 22966 - 2

Ⅰ.①薏⋯　Ⅱ.①石⋯　②李⋯　③秦⋯　Ⅲ.①薏苡－
种质资源－描写－规范②薏苡－种质资源－数据－标准
Ⅳ.①S567.210.24 - 65

中国版本图书馆 CIP 数据核字（2017）第 112639 号

中国农业出版社出版
（北京市朝阳区麦子店街 18 号楼）
（邮政编码 100125）
责任编辑　孟令洋　王黎黎
————————————————
北京万友印刷有限公司印刷　新华书店北京发行所发行
2017 年 8 月第 1 版　2017 年 8 月北京第 1 次印刷
————————————————
开本：787mm×1092mm　1/18　印张：4⅓
字数：100 千字
定价：30.00 元
（凡本版图书出现印刷、装订错误，请向出版社发行部调换）

编 著 委 员 会

主　编　石　明　李祥栋　秦礼康

参　编　曾海英　潘　虹　陆秀娟　魏心元

　　　　　陈光能　潘纯清

编著单位　贵州省薏苡工程技术研究中心

　　　　　贵州大学酿酒与食品工程学院

序

  随着"回归自然""返璞归真"理念的深入人心,传统中医药的"药食同源"或"医食同源"思想亦逐渐被世人所认知。薏苡集营养和药用价值于一体,当可谓典型之代表。薏苡在中国的栽培历史悠久,据记载可追溯至 6 000～10 000 年前,从我国西南地区的云南、广西、贵州,到东南地区的福建、浙江一带,乃至黄河流域均有种植。由于种种原因,薏苡栽培早已退出黄河流域,多数地区薏苡已回归为野生或半野生状态。目前,国内薏苡主要在贵州、云南、广西、福建、浙江等省份有栽培,其他地方仅有零星种植。

  薏苡产业是贵州特别是黔西南地区的一个特色优势产业,曾经为当地社会、经济的发展和农民增收做出了重要贡献。"十一五"和"十二五"期间,贵州省紧紧围绕"调整产业结构,增加农民收入,做大薏仁米产业,打造特色品牌"的指导思想,积极引导、指导农户扩大薏仁米种植面积。各县(市)以良好的气候资源优势为依托,大力发展薏苡生产,促进薏苡种植向区域化、规模化方向发展,带动了薏苡加工企业及相关产业的蓬勃发展。薏苡产品也开始沿着从初级加工到精深加工的方向稳步推进。

  尽管在贵州省委省政府的全面布局下,薏苡在产业化发展方面取得了长足的进展。然而,制约薏苡产业和深加工利用开发的主要因素之一是对薏苡资源缺乏系统深入的基础研究,对于薏苡种质资源的描述和评价尚未形成统一的标准,基础数据库的建立也不完善,资源共享困难、利用效率低下。种质资源是在漫长的历史进程中经自然演化或人工选择、改造而形成,是大自然给予人类的馈赠,在作物育种、生命科学研究和农业生产中的地位举足轻重。中国地大物博、气候多样,也孕育了丰富的薏苡资源。因此,实现薏苡种质资源的规范化搜集保存、整理与整合、资源共享,是目前深入研究薏苡生物学特性、遗传规律、生长发育规律,加快薏苡优异资源利用的重要基础。石明研究员及其团队编著的《薏苡种质资源描述规范和数据标准》一书，立足于贵州薏苡产业的发展，着眼于科学方法的普适性，从大量的前期研究中去芜存菁，系统总结了薏苡种质资源搜集、保存、鉴定评价的基本描述标准，并规范了数据采集过程的控制方法，使之成为薏苡种质资源考察搜集、整理整合、保存保护的技术手册。对于加快薏苡种质资源标准化、信息化、资源共享平台的建设和实现优异资源的创新利用具有重要指导意义。

2016 年 12 月

前　言

　　薏苡，又名薏仁米、五谷子、六谷子、药玉米、草珠珠、晚念珠等，属禾本科薏苡属一年生或多年生草本植物。染色体数 $2n=2x=10$，20，30，40 不等，大多数染色体数目 $2n=20$，其他的倍性多见于水生薏苡种。我国薏苡分布较广，辽宁、河北、山西、山东、河南、陕西、江苏、安徽、浙江、江西、湖北、湖南、福建、广西、广东、海南、四川、贵州、云南等省份均有分布。

　　薏苡是传统药食兼用的经济作物，具有极高的营养价值和重要的药用价值，有"禾谷类植物之王"之美誉。薏苡包含众多栽培种和野生种。目前，学术界对于我国薏苡属的分类有"1 种 1 变种""3 种 4 变种""4 种 7 变种""5 种 4 变种"之说，《中国植物志》采用了"5 种 4 变种"的分类系统，故而"5 种 4 变种"的分类方法较之其他方法更为常用。国外关于薏苡的报道多见于东南亚及日本、韩国和印度等地。广西是我国薏苡资源遗传多样性最丰富的省份之一，其种质的形态学特征与已报道的种质差异明显。亦有学者认为广西、海南、贵州、云南是我国薏苡的初生中心，而长江中下游地区及北方各省份是薏苡逐步北移、驯化、选择而形成的次生中心。

　　中国农业科学院作物品种资源研究所在 1985—1995 年对中国的薏苡种质资源进行了广泛的收集和整理。据统计，国家种质库保存登记的薏苡种质有 284 份，其中产于广西的 121 份，占 42.6%；产于贵州的 27 份，占 9.5%；产于安徽的 22 份，占 7.7%；产于江苏和浙江的 27 份，占 9.5%，其他地区共占 30.7%。国家农业科学数据共享中心作物科学数据分中心（http：//crop. agridata. cn/A010102. asp）公布了 94 个薏苡种质资源信息。遗憾的是，虽然我国在薏苡种质资源的收集、保存和整理方面有过一定的基础工作，但由于薏苡是小作物，长期以来未能被充分利用与重视。目前，对各地搜集种质资源的评价，大多局限于表观层面的生物学特征描述，而在其农艺、抗逆性和药用价值方面缺乏相应的评价体系。"农作物种质资源技术规范丛书"规定了包括粮食作物、经济作物、蔬菜、果树、牧草绿肥等五大类 100 多种作物种质资源的描述规范、数据标准和数据质量控制规范，以及搜集、整理、保存技术规程，然而对于薏苡而言，其种质资源的描述规范和数据标准仍处于空白状态。为了填补这一空白，本书以现有的种质资源和描述规范（小麦、水稻、玉米、高粱等）为参考，结合黔西南布依族苗族自治州多年来在薏苡资源搜集、遗传育种和栽培技术研究方面的经验，规定了薏苡种质资源描述规范、数据规范和数据质量控制规范及其数据标准制定的原则和方法，即优先采用现有数据库中的描述符和描述标准，以便数据库的建立、规范和扩展。薏苡种质资源描述规范规定了种质资源的描述符及其分级标准，数据标准规定了薏苡种质资源各描述符的字段名称、类型、长度、小数位、代码等，数据质量控制规范规定了薏苡种质资源数据采集过程中的质量控制内容和控制方法，以保证数据的系统性、可比性和可靠性。值得一提的是，由于薏苡在抗逆性和抗病虫方面的系统性研究尚未见报道，因此其抗逆性和抗病虫方面的评价和鉴定，借鉴了高粱、水稻、玉米等作物的评价方法与标准，并根据薏苡的生物学特性、生长发育特点等进行了调整。

薏苡种质资源描述和数据标准的制定，为薏苡种质资源的描述和数据采集提供了一个重要样板，有利于规范种质资源的搜集、整理和保存等工作，实现资源的有效整合、利用，并为薏苡种质资源共享平台的构建创造良好的环境条件，同时为今后薏苡的资源鉴定、系统分类、遗传选育等研究和利用奠定了基础。该标准由贵州省薏苡工程技术研究中心和贵州大学酿酒与食品工程学院主持编写，并得到了其他科研、教学和生产单位的大力支持。此外，本书的出版得到了贵州省科技厅项目"薏米精深加工产业化关键技术提升与应用"［黔科合重大专项字（2014）6023］、"科技特派员薏苡创业链建设与示范"［黔科合重大专项字（2013）6010‑5］、"贵州省薏苡工程技术研究中心"［黔科合农 G 字（2012）4001 号］及"贵州省高层次创新人才培养项目"［黔科合人才（2015）4016 号］等的支持及经费资助，在此一并致谢！

由于国内外对薏苡基础研究相对较少，加上编著者水平有限，错误和纰漏之处在所难免，恳请批评指正。

编著者

2016 年 10 月

目　　录

序

前言

一 薏苡种质资源描述规范和数据标准制定的原则和方法

1 薏苡种质资源描述规范制定的原则和方法

1.1 原则

1.1.1 优先采用现有数据库中的描述符和描述标准。

1.1.2 以种质资源研究和育种需求为主，兼顾生产和市场需要。

1.1.3 立足中国现有基础，考虑未来发展，尽量与国际接轨。

1.2 方法和要求

1.2.1 描述符类别分为 6 类：

    1   基本信息

    2   形态特征和生物学特性

    3   品质特征

    4   抗逆性

    5   抗病虫性

    6   其他特征特性

1.2.2 描述符代号由描述类别加两位顺序号组成，如 101、305、521 等。

1.2.3 描述符性质分为 3 类：

    M   必选描述符（所有种质必须鉴定评价的描述符）

    O   可选描述符（可选择鉴定评价的描述符）

    C   条件描述符（只对特定种质进行鉴定评价的描述符）

1.2.4 描述符的代码应该是有序的，如数量性状从细到粗、从低到高、从小到大、从少到多排列，颜色从浅到深，抗性从强到弱等。

1.2.5 每个描述符应有一个基本的定义或说明。数量性状应标明单位，质量性状应有评价标准和等级划分。

1.2.6 植物学形态描述符应附模式图。

1.2.7 重要数量性状应以数值表示。

2 薏苡种质资源数值标准制定的原则和方法

2.1 原则
2.1.1 数据标准中的描述符与描述规范相一致。

2.1.2 数据标准应优先考虑现有数据库中的数据标准。

2.2 方法和要求
2.2.1 数据标准中的代号应与描述规范中的代号一致。

2.2.2 字段名最长 16 位。

2.2.3 字段类型分字符型（C）、数值型（N）和日期型（D）。日期型格式为 YYYYMMDD。

2.2.4 经度的类型为 E，格式为 DDDFF；纬度的类型为 N，格式为 DDFF。其中 D 为度，F 为分；东经以正数表示，西经以负数表示；北纬以正数表示，南纬以负数表示。如 13521，－4020。

3 薏苡种质资源数据质量控制规范制定的原则和方法

3.1 采集的数据应具有系统性、可比性和可靠性。

3.2 数据质量控制以过程控制为主，兼顾结果控制。

3.3 数据质量控制方法应具有可操作性。

3.4 鉴定评价方法以现行国家标准和行业标准为首先依据；如无国家和行业标准，则以国际标准或国内比较公认的先进方法为依据。

3.5 每个描述符的质量控制应包括田间设计，样本数或群体大小，时间或日期，取样数和取样方法，计量单位、精度，采用的鉴定评价规范和标准，采用的仪器设备，性状的观测和等级划分方法，数据校验和数据分析。

二　薏苡种质资源描述简表

序号	代号	描　述　符	描述符性质	单　位　或　代　码
1	101	全国统一编号	M	
2	102	种质库编号	M	
3	103	引种号	C/国外种质	
4	104	采集号	C/野生资源和地方品种	
5	105	种质名称	M	
6	106	种质外文名	M	
7	107	科名	O	
8	108	属名	O	
9	109	学名	M	
10	110	原产国	M	
11	111	原产省	M	
12	112	原产地	M	
13	113	海拔	C/野生资源和地方品种	
14	114	经度	C/野生资源和地方品种	
15	115	纬度	C/野生资源和地方品种	
16	116	来源地	M	
17	117	保存单位	M	
18	118	保存单位编号	M	
19	119	系谱	C/选育品种或品系	
20	120	选育单位	C/选育品种或品系	

（续）

序号	代号	描 述 符	描述符性质	单 位 或 代 码
21	121	育成年份	C/选育品种或品系	
22	122	选育方法	C/选育品种或品系	
23	123	种质类型	M	1：野生资源　2：地方品种 3：选育品种　4：品系 5：遗传材料　6：其他
24	124	图像	O	
25	125	观测地点	M	
26	126	用途	M	1：饲用　2：粒用　3：工艺用
27	201	芽鞘色	M	1：浅黄色　2：绿色　3：紫色
28	202	幼苗叶色	M	1：绿色　2：红色　3：紫色
29	203	叶鞘色	M	1：白色　2：绿色　3：紫色
30	204	幼苗生长习性	O	1：直立　2：中间　3：匍匐
31	205	总分蘖数	O	个
32	206	有效分蘖数	O	个
33	207	株高	M	cm
34	208	着粒层	O	cm
35	209	主茎粗	M	mm
36	210	主茎节数	O	节
37	211	分枝节位	O	节
38	212	一级分枝	O	个
39	213	叶长	O	cm
40	214	叶宽	O	cm
41	215	花药色	M	1：白色　2：黄色　3：浅紫色 4：紫红色　5：紫色
42	216	茎部蜡粉	O	1：无　2：有
43	217	茎秆颜色	O	1：绿色　2：浅红色　3：红色 4：紫红色　5：紫色
44	218	柱头色	M	1：白色　2：黄色　3：浅紫色 4：紫红色　5：紫色

（续）

序号	代号	描 述 符	描述符性质	单 位 或 代 码
45	219	株型	O	1：直立　2：中间　3：开张
46	220	鞘状苞长度	O	cm
47	221	鞘状苞颜色	O	1：绿色　2：浅红色　3：红色 4：紫红色　5：紫色
48	222	幼果颜色	M	1：绿色　2：浅红色　3：红色 4：紫红色　5：紫色
49	223	果壳色	M	1：白色　2：黄白色　3：黄色 4：灰色　5：棕色　6：深棕色 7：蓝色　8：褐色　9：深褐色 10：黑色
50	224	总苞形状	O	1：卵圆形　2：近圆柱形　3：椭圆形 4：近圆形
51	225	总苞质地	M	1：珐琅质　2：甲壳质
52	226	籽粒长度	O	mm
53	227	籽粒宽度	O	mm
54	228	种仁色	O	1：白色　2：浅黄色　3：棕色 4：红色
55	229	薏米长度	O	mm
56	230	薏米宽度	O	mm
57	231	百粒重	M	g
58	232	百仁重	M	g
59	233	熟性	O	1：特早熟　2：早熟　3：中熟 4：晚熟　5：特晚熟
60	234	胚乳类型	O	1：粳性　2：糯性
61	235	播种期	M	
62	236	出苗期	M	
63	237	拔节期	M	
64	238	抽穗期	M	
65	239	开花期	M	
66	240	出苗至开花天数	M	d
67	241	灌浆期	M	

(续)

序号	代号	描 述 符	描述符性质	单 位 或 代 码
68	242	成熟期	M	
69	243	全生育期	M	d
70	244	落粒性	O	1：强 3：中等 5：弱
71	245	感光性	O	3：不敏感 5：中间型 7：敏感
72	301	糙米率	O	%
73	302	角质率	O	%
74	303	硬度	O	s
75	304	总淀粉含量	M	%
76	305	直链淀粉含量	M	%
77	306	支链淀粉含量	M	%
78	307	可溶性糖含量	O	%
79	308	粗蛋白含量	M	%
80	309	赖氨酸含量	O	%
81	310	苏氨酸含量	O	%
82	311	丝氨酸含量	O	%
83	312	缬氨酸含量	O	%
84	313	甲硫氨酸含量	O	%
85	314	异亮氨酸含量	O	%
86	315	亮氨酸含量	O	%
87	316	苯丙氨酸含量	O	%
88	317	粗脂肪含量	M	%
89	318	油酸含量	O	%
90	319	亚油酸含量	O	%
91	320	亚麻酸含量	O	%
92	321	薏苡素含量	O	mg/g
93	322	总甾醇含量	O	mg/100 g
94	323	维生素 B_1 含量	O	mg/100 g
95	324	维生素 E 含量	O	mg/100 g
96	325	醇溶性浸出物含量	M	%

（续）

序号	代号	描 述 符	描述符性质	单 位 或 代 码
97	326	甘油三油酸酯含量	M	％
98	401	芽期耐旱性	O	1：极强　3：强　5：中等　7：弱 9：极弱
99	402	苗期耐旱性	O	1：极强　3：强　5：中等　7：弱 9：极弱
100	403	全生育期耐旱性	O	1：极强　3：强　5：中等　7：弱 9：极弱
101	404	芽期耐盐性	O	1：极强　3：强　5：中等　7：弱 9：极弱
102	405	苗期耐盐性	O	1：极强　3：强　5：中等　7：弱 9：极弱
103	406	苗期耐冷性	O	1：极强　3：强　5：中等　7：弱 9：极弱
104	407	抗倒伏性	O	1：极强　3：强　5：中等　7：弱 9：极弱
105	501	黑穗病抗性	M	0：免疫（IM）　　1：高抗（HR） 3：抗（R）　5：中抗（MR） 7：感（S）　9：高感（HS）
106	502	白叶枯病抗性	M	0：免疫（IM）　　1：高抗（HR） 3：抗（R）　5：中抗（MR） 7：感（S）　9：高感（HS）
107	503	玉米螟抗性	O	1：高抗（HR）　　3：抗（R） 5：中抗（MR）　　7：感（S） 9：高感（HS）
108	504	黏虫抗性	O	1：高抗（HR）　　3：抗（R） 5：中抗（MR）　　7：感（S） 9：高感（HS）
109	601	核型	O	
110	602	指纹图谱	O	
111	603	备注	O	

三 薏苡种质资源描述规范

1 范围

本规范规定了薏苡种质资源的描述符及其分级标准。

本规范适用于薏苡种质资源的搜集、整理和保存，数据标准和数据质量控制规范的制定，以及数据库和信息共享网络系统的建立。

2 规范性引用文件

下列文件中的条款通过本规范的引用而成为本规范的条款。凡是注日期的引用文件，其后所有的修改单（不包括勘误的内容）或修订版均不适用于本规范。然而，鼓励根据本规范达成协议的各方研究是否可使用这些文件的最新版本。凡是不注明日期的引用文件，其最新版本适用于本规范。

ISO 3166 Codes for the Representation of Name of Countries

GB/T 2659 世界各国和地区名称代码

GB/T 2260 中华人民共和国行政区代码

GB/T 12404 单位隶属关系代码

NY/T 2572—2014 植物新品种特异性、一致性和稳定性测试指南 薏苡

3 术语和定义

3.1 薏苡

禾本科（Gramineae）薏苡属（*Coix*）的栽培种或野生种（*Coix lacryma-jobi* L.），一年生或多年生草本，染色体数 $2n=2x=20$，异花授粉作物。

3.2 薏苡种质资源

薏苡野生资源、地方品种、选育品种、品系、遗传材料等。

3.3 基本信息

薏苡种质资源基本情况信息描述，包括全国统一编号、种质名称、学名、原产地、种质类型、基本用途等。

3.4　形态特征和生物学特性

薏苡种质资源的植物学形态、生物学特性、物候期等特征特性。

3.5　品质特性

薏苡仁的营养素（淀粉、脂肪、蛋白质、氨基酸、维生素等）、药用质量（多糖、甾醇、不饱和脂肪酸、醇溶性浸出物等）和籽粒加工品质（糙米率等）。

3.6　抗逆性

薏苡种质资源对各种非生物胁迫的适应或抵抗能力，包括耐旱性、耐盐碱性、耐冷性和抗倒伏性。

3.7　抗病虫性

薏苡种质资源对各种生物胁迫的适应或抵抗能力，包括对黑穗病、白叶枯病、玉米螟和黏虫的抗性。

4　基本信息

4.1　全国统一编号

种质的唯一编号，由 ZI 加 6 位阿拉伯数字组成。

4.2　种质库编号

薏苡种质在国家农作物种质资源长期库中的标号，由 I7C 加五位阿拉伯数字组成。

4.3　引种号

薏苡种质从国外引入时赋予的编号。

4.4　采集号

薏苡种质在野外采集或种质征集时赋予的编号。

4.5　种质名称

薏苡种质的中文名称。国外引进种质若无中文名，可以直接填写种质的外文名称。

4.6　种质外文名称

国外引进种质的外文名称或国内种质的汉语拼音名称。

4.7　科名

禾本科（Gramineae）。

4.8　属名

薏苡属（*Coix* L.）。

4.9　学名

《中国植物志》将我国薏苡属划分为 5 种 4 变种：

水生薏苡　*C. aquatica* Roxb.

小珠薏苡　*C. puellarum* Balansa

薏米　*C. chinensis* Tod.

薏米　*C. chinensis* var. *chinesis*

台湾薏苡　*C. chinensis* var. *formosana*（Ohwi）L. Liu

薏苡　*C. lacryma-jobi* Linn.

薏苡　*C. lacryma-jobi* var. *lacryma-jobi*

念珠薏苡　*C . lacryma-jobi* var. *maxima* Makino

窄果薏苡　*C. stenocarpa* Blalansa

4.10　原产国（地区）

薏苡种质原产国家名称、地区名称或国际组织名称。

4.11　原产省

国内薏苡种质原产省份名称；国外引进种质原产国家一级行政区名称。

4.12　原产地

国内薏苡种质原产县、乡、村名称。

4.13　海拔

薏苡种质原产地海拔高度，单位：m。

4.14　经度

薏苡种质原产地的经度，单位为（°）和（′）。格式为 DDDFF，其中 DDD 为度，FF 为分。

4.15　纬度

薏苡种质原产地的纬度，单位为（°）和（′）。格式为 DDFF，其中 DD 为度，FF 为分。

4.16　来源地

国外引进薏苡种质的来源国家名称、地区名称或国际组织名称；国内种质的来源省（自治区、直辖市）、县（市）名称。

4.17　保存单位

薏苡种质提交国家农作物种质资源长期库前的原保存单位名称。

4.18　保存单位编号

薏苡种质原保存单位赋予的种质编号。

4.19　系谱

薏苡选育品种（系）的亲缘关系。

4.20　选育单位

选育薏苡品种（系）的单位名称或个人。

4.21　育成年份

薏苡品种（系）培育成功的年份。

4.22　选育方法

薏苡品种（系）的育种方法。

4.23　种质类型

薏苡种质类型分为 6 类：

  1 野生资源

  2 地方品种

  3 选育品种

  4 品系

  5 遗传材料

  6 其他

4.24　图像

薏苡种质资源的图像文件名。图像格式为 .jpg。

4.25　观测地点

薏苡种质资源形态特征和生物学特征观测地点的名称。

4.26　用途

薏苡种质最主要和最普遍的用途。

  1 饲用

  2 食用

  3 工艺用

5　形态学特征和生物学特性

5.1　芽鞘色

第一片真叶展开时，幼苗芽鞘的颜色。

  1 浅黄色

  2 绿色

  3 紫色

5.2　幼苗叶色

3～5 叶期，群体幼苗已展开叶片的颜色。

  1 绿色

  2 红色

  3 紫色

5.3　叶鞘色

薏苡种质 3～5 叶期，叶鞘的颜色。

  1 白色

2 　 绿色

3 　 紫色

5.4　幼苗生长习性

分蘖盛期时，群体幼苗的主茎与分蘖的开张状态（图1）。

1 　 直立

3 　 中间

5 　 匍匐

直立　　　　　　　　　中间　　　　　　　　　匍匐

图1　幼苗生长习性

5.5　总分蘖数

薏苡成熟时单株的一级分蘖数（包括有效分蘖和无效分蘖），以个为单位。

5.6　有效分蘖数

薏苡种质分蘖中结实形成产量的一级分蘖数，以个为单位。

5.7　株高

薏苡种质成熟时，植株主茎与根交界处至最顶端花序的高度（图2），单

图2　植株高度、着粒层及分枝节位

（引自NY/T 2572—2014）

位：cm。

5.8 着粒层

薏苡种质成熟时，籽粒着粒部位的长度（图2），单位：cm。

5.9 主茎粗

薏苡种质成熟时，主茎地上部第一节间中部的长径（不包括叶鞘），单位：mm。

5.10 主茎节数

薏苡种质成熟时，主茎秆具有的实际可见节数（节间长不小于0.5 cm），单位为节。

5.11 分枝节位

薏苡种质主茎第一分枝着生的节位（图2），单位为节。

5.12 一级分枝

薏苡种质成熟时，植株地上部节位叶芽萌生的能够结实的第一级分枝数，单位为个。

5.13 叶长

薏苡主茎中部最大叶片从叶尖到叶鞘的长度（图3），单位：cm。

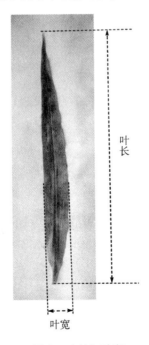

图3 叶长与叶宽

5.14 叶宽

薏苡主茎中部最大叶片最宽处的长度（图3），单位：cm。

5.15 花药色

薏苡种质开花时花药的实际颜色。

    1   白色

    2   黄色

    3   浅紫色

    4   紫红色

    5   紫色

5.16 茎部蜡粉

抽穗期茎部蜡粉的有无。

    1   无

    2   有

5.17 茎秆颜色

抽穗期茎秆的实际颜色。

    1   绿色

    2   浅红色

    3   红色

    4   紫红色

    5   紫色

5.18 柱头色

开花期，柱头的实际颜色。

    1   白色

    2   黄色

    3   浅紫色

    4   紫红色

    5   紫色

5.19 株型

抽穗期，群体植株主茎与分蘖的离散程度（图4）。

    1   直立

    3   中间

    5   开张

5.20 鞘状苞长度

主茎上发育充分的最长鞘状苞长度（不含苞片）（图5），单位：cm。

5.21 鞘状苞颜色

灌浆期，薏苡鞘状苞的实际颜色。

    1   绿色

直立 中间 开张

图 4 薏苡株型

(引自 NY/T 2572—2014)

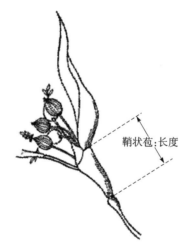

图 5 鞘状苞

(引自 NY/T 2572—2014)

 2 浅红色

 3 红色

 4 紫红色

 5 紫色

5.22 幼果颜色

 灌浆期，薏苡幼果的实际颜色。

 1 绿色

 2 浅红色

 3 红色

 4 紫红色

5　紫色

5.23　果壳色（粒色）

成熟时总苞的实际颜色。

　　1　白色

　　2　黄白色

　　3　黄色

　　4　灰色

　　5　棕色

　　6　深棕色

　　7　蓝色

　　8　褐色

　　9　深褐色

　　10　黑色

5.24　总苞形状（粒形）

成熟薏苡总苞的实际形状（图6）。

　　1　卵圆形

　　2　近圆柱形

　　3　椭圆形

　　4　近圆形

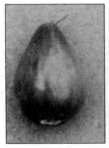  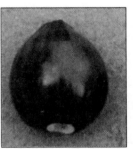

卵圆形　　　　近圆柱形　　　　椭圆形　　　　　近圆形

图6　总苞形状

（引自 NY/T 2572—2014）

5.25　籽粒长度

成熟薏苡总苞的最大长度（图7），单位：mm。

5.26　籽粒宽度

成熟薏苡总苞的最大宽度（图7），单位：mm。

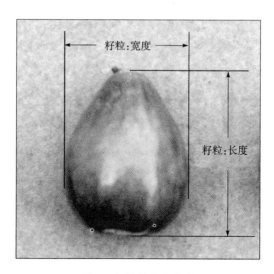

图 7　籽粒长度和宽度

（引自 NY/T 2572—2014）

5.27　总苞质地

薏苡总苞的光泽及坚硬程度。

　　1　珐琅质

　　2　甲壳质

5.28　种仁色

薏苡种质种仁的实际颜色。

　　1　白色

　　2　浅黄色

　　3　棕色

　　4　红棕色

5.29　薏米长度

成熟薏苡仁的最大长度（图 8），单位：mm。

5.30　薏米宽度

成熟薏苡仁的最大宽度（图 8），单位：mm。

5.31　百粒重（或百果重）

100 个完整薏苡果（总苞）的重量，单位：g。

5.32　百仁重

100 个完整薏苡仁（果仁）的重量，单位：g。

5.33　熟性

　　1　特早熟

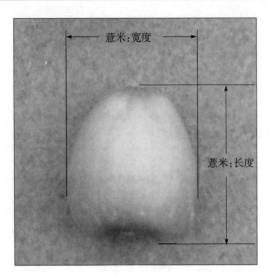

图 8 薏米长度和宽度

（引自 NY/T 2572—2014）

> 2 早熟
> 3 中熟
> 4 晚熟
> 5 特晚熟

5.34 胚乳类型

> 1 粳性
> 2 糯性

5.35 播种期

薏苡种质资源的实际播种日期，记为 YYYYMMDD。

5.36 出苗期

播种后全试验小区 50％种子发芽出土、苗高 2 cm 时的时间。以年月日表示，格式 YYYYMMDD。

5.37 拔节期

薏苡种质试验小区中，当 50％植株的穗分化到伸长期，靠近地面用手能摸到茎节，茎节总长度为 2～3 cm 时的时间。以年月日表示，格式 YYYYMMDD。

5.38 抽穗期

薏苡种质试验小区中，当 50％植株的小穗尖端从顶叶和侧顶叶抽出的时间。以年月日表示，格式 YYYYMMDD。

5.39 开花期

薏苡种质试验小区中，当 50％植株的雄花开始开花散粉的时间。以年月日表示，格式 YYYYMMDD。

5.40 出苗至开花天数

从出苗次日至开花期的天数，单位：d。

5.41 灌浆期

薏苡种质试验小区中，当50％植株的果实开始膨大，果实内从乳白色浆液至蜡质的时间。以年月日表示，格式 YYYYMMDD。

5.42 成熟期

当80％的果实成熟的时间。以年月日表示，格式 YYYYMMDD。

5.43 全生育期

薏苡从出苗到成熟的天数，单位：d。

5.44 落粒性

薏苡种质成熟期间，薏苡果遇风脱落或自然脱落的程度。

  1 强

  3 中等

  5 弱

5.45 感光性

薏苡种质对光周期反应的敏感程度。

  3 不敏感

  5 中间型

  7 敏感

6 品质特性

6.1 糙米率

薏苡果（总苞）脱壳碾出薏苡糙米重量的百分数，用％表示。

6.2 角质率

薏苡仁纵切面上角质胚乳所占的比率，用％表示。

6.3 硬度

薏苡仁的抗挤压能力。采用粉碎单位质量薏苡仁所用的时间表示，单位：s。

6.4 总淀粉含量

薏苡仁中总淀粉含量（干基）的质量百分比，用％表示。

6.5 直链淀粉含量

薏苡仁中直链淀粉含量占总淀粉含量（干基）的质量百分比，用％表示。

6.6 支链淀粉含量

薏苡仁中支链淀粉含量占总淀粉含量（干基）的质量百分比，用％表示。

6.7 可溶性糖含量

薏苡仁中可溶性糖含量（干基）的质量百分比，用％表示。

6.8 粗蛋白含量

薏苡仁中粗蛋白含量（干基）的质量百分比，用％表示。

6.9 赖氨酸含量

薏苡仁中赖氨酸含量（干基）的质量百分比，用％表示。

6.10 苏氨酸含量

薏苡仁中苏氨酸含量（干基）的质量百分比，用％表示。

6.11 丝氨酸含量

薏苡仁中丝氨酸含量（干基）的质量百分比，用％表示。

6.12 缬氨酸含量

薏苡仁中缬氨酸含量（干基）的质量百分比，用％表示。

6.13 甲硫氨酸含量

薏苡仁中甲硫氨酸含量（干基）的质量百分比，用％表示。

6.14 异亮氨酸含量

薏苡仁中异亮氨酸含量（干基）的质量百分比，用％表示。

6.15 亮氨酸

薏苡仁中亮氨酸含量（干基）的质量百分比，用％表示。

6.16 苯丙氨酸

薏苡仁中苯丙氨酸含量（干基）的质量百分比，用％表示。

6.17 粗脂肪含量

薏苡仁中粗脂肪含量（干基）的质量百分比，用％表示。

6.18 油酸含量

薏苡仁中油酸含量（干基）的质量百分比，用％表示。

6.19 亚油酸含量

薏苡仁中亚油酸含量（干基）的质量百分比，用％表示。

6.20 亚麻酸含量

薏苡仁中亚麻酸含量（干基）的质量百分比，用％表示。

6.21 薏苡素含量

单位质量的薏苡仁中薏苡素（干基）的质量，单位：mg/g。

6.22 总甾醇含量

每100g薏苡仁中总甾醇（干基）的质量，单位：mg。

6.23 维生素 B_1 含量

每100g薏苡仁中维生素 B_1（干基）的质量，单位：mg。

6.24 维生素 E 含量

每 100g 薏苡仁中维生素 E（干基）的质量，单位：mg。

6.25 醇溶性浸出物含量

薏苡仁中醇溶性浸出物（干基）占总薏苡仁的质量百分比，用％表示。

6.26 甘油三油酸酯含量

薏苡仁中甘油三油酸酯（干基）占总薏苡仁的质量百分比，用％表示。

7 抗逆性

7.1 芽期耐旱性

种子萌芽期间耐受土壤干旱的能力。

  1 极强

  3 强

  5 中等

  7 弱

  9 极弱

7.2 苗期耐旱性

苗期耐受土壤和大气干旱的能力。

  1 极强

  3 强

  5 中等

  7 弱

  9 极弱

7.3 全生育期耐旱性

全生育期耐受土壤和大气干旱的能力。

  1 极强

  3 强

  5 中等

  7 弱

  9 极弱

7.4 芽期耐盐性

种子萌发期对盐分胁迫条件的耐受能力。

  1 极强

  3 强

  5 中等

    7   弱

    9   极弱

7.5 苗期耐盐性

苗期植株耐受中等盐分胁迫条件的能力。

    1   极强

    3   强

    5   中等

    7   弱

    9   极弱

7.6 苗期耐冷性

苗期对低温冷害的耐受能力。

    1   极强

    3   强

    5   中等

    7   弱

    9   极弱

7.7 抗倒伏性

植株抗倒伏的能力。

    1   极强

    3   强

    5   中等

    7   弱

    9   极弱

8 抗病虫性

8.1 黑穗病抗性

植株抗丝黑穗病菌（*Sporisorium relianum*）侵染的能力。

    0   免疫（IM）

    1   高抗（HR）

    3   抗（R）

    5   中抗（MR）

    7   感（S）

    9   高感（HS）

8.2 白叶枯病抗性

植株抗白叶枯病菌侵染的能力。

  0 免疫（IM）

  1 高抗（HR）

  3 抗（R）

  5 中抗（MR）

  7 感（S）

  9 高感（HS）

8.3 玉米螟抗性

植株抗亚洲玉米螟（*Ostrinia furnacalis*）侵害的能力。

  1 高抗（HR）

  3 抗（R）

  5 中抗（MR）

  7 感（S）

  9 高感（HS）

8.4 黏虫抗性

植株抗黏虫侵害的能力。

  1 高抗（HR）

  3 抗（R）

  5 中抗（MR）

  7 感（S）

  9 高感（HS）

9 其他特征特性

9.1 核型

不同种类的薏苡种质体细胞染色体的数目、大小、形态和结构特征的类型，用核型公式表示。

9.2 指纹图谱

薏苡种质的同工酶、DNA 分子标记图谱及主要有效成分的指纹图谱（HPLC 或 GC 图谱），作为每份种质资源的档案，用于薏苡种质资源的鉴别。

9.3 备注

薏苡种质资源特殊描述符或特殊代码的具体说明。

四 薏苡种质资源数据标准

序号	代号	描述符	字段名	字段英文名	字段类型	字段长度	字段小数位	单位	代码	代码英文名	例子
1	101	全国统一编号	统一编号	Accession number	C	8					ZI000002
2	102	种质库编号	库编号	Genebank number	C	8					I7C00870
3	103	引种号	引种号	Itroduction number	C	8					
4	104	采集号	采集号	Collecting number	C	8					
5	105	种质名称	种质名称	Accession name	C	30					无锡薏苡
6	106	种质外文名	种质外文名	Alien name	C	40					YUE 1
7	107	科名	科名	Family	C	20					Graminaeae
8	108	属名	属名	Genus	C	30					Coix
9	109	学名	学名	Specis	C	40					C. lacryma-jobi Linn.
10	110	原产国（地区）	原产国	Country of origin	C	16					中国

（续）

序号	代号	描述符	字段名	字段英文名	字段类型	字段长度	字段小数位	单位	代码	代码英文名	例子
11	111	原产省	原产省	Provence of origin	C	10					贵州
12	112	原产地	原产地	Origin	C	16					兴仁县
13	113	海拔	海拔	Altitude	C	5					1 500
14	114	经度	经度	Longitude	N	6					12125
15	115	纬度	纬度	Latitude	N	5					3208
16	116	来源地	来源地	Sample of source	C	20					望谟县
17	117	保存单位	保存单位	Donor institute	C	20					中国农业科学院作物科学研究所
18	118	保存单位编号	单位编号	Donor accession number	C	8					YI20
19	119	系谱	系谱	Predigree	C	40					
20	120	选育单位	选育单位	Breeding institute	C	20					内蒙古赤峰市农业科学研究所
21	121	育成年份	育成年份	Releasing year	N	4					2012
22	122	选育方法	选育方法	Breeding methlod	C	16					杂交

（续）

序号	代号	描述符	字段英文名	字段类型	字段长度	字段小数位	单位	代码	代码英文名	例子
23	123	种质类型	Biological status of accession	C	8			1：野生资源 2：地方品种 3：选育品种 4：品系 5：遗传材料 6：其他	1: Wild 2: Traditional cultivar/Landrace 3: Advanced/Improved cultivar 4: Breeding line 5: Genetic stocks 6: Other	选育品种
24	124	图像	Image	C	30					
25	125	观测地点	Observation	C	14					赤峰
26	126	用途	Purpose	C	6			1：饲用 2：粒用 3：工艺用	1: Forage 2: Grain 3: Special property	粒用
27	201	芽鞘色	Coleoptile colour	C	6			1：浅黄色 2：绿色 3：紫色	1: Light yellow 2: Green 3: Purple	绿色
28	202	幼苗叶色	Leaf colour of seeding	C	4			1：绿色 2：红色 3：紫色	1: White 2: Green 3: Purple	绿色
29	203	叶鞘色	Leaf sheath colour	C	4			1：白色 2：绿色 3：紫色	1: White 2: Green 3: Purple	绿色
30	204	幼苗生长习性	Seeding growth habit	C	4			1：直立 2：中间 3：匍匐	1: Eredct 2: Medium 3: Prostrate	直立

（续）

序号	代号	描述符	字段名	字段英文名	字段类型	字段长度	字段小数位	单位	代码	代码英文名	例子
31	205	总分蘖数	总分蘖数	Total tillers per plant	N	4		个			4.0
32	206	有效分蘖数	有效分蘖数	Productive tillers per plant	N	4		个			3.0
33	207	株高	株高	Plant height	N	5	1	cm			210.0
34	208	着粒层	着粒层	Grain layer	N	5	1	cm			100.0
35	209	茎粗	茎粗	Stem diameter	N	5	2	mm			0.80
36	210	主茎节数	主茎节数	Nodes on main stem	N	4	1	节			10.1
37	211	分枝节位	分枝节位	Branching node	N	3		节			3
38	212	一级分枝	一级分枝	Branching number	N	3	1	个			28.1
39	213	叶长	叶长	Length of leaf	N	5	1	cm			102.0
40	214	叶宽	叶宽	Width of length	N	4	1	cm			1.2

（续）

序号	代号	描述符	字段名	字段英文名	字段类型	字段长度	字段小数位	单位	代码	代码英文名	例子
41	215	花药色	花药色	Ather colour	C	6			1：白色 2：黄色 3：浅紫色 4：紫红色 5：紫色	1： White 2： Yellow 3： Light purple 4： Purplish 5： Purple	黄色
42	216	茎部蜡粉	茎部蜡粉	Stem waxiness	C	2			1：无 2：有	1： None 2： Existent	有
43	217	茎秆颜色	茎秆颜色	Srem colour	C	6			1：绿色 2：浅红色 3：红色 4：紫红色 5：紫色	1： White 2： Light red 3： Light purple 4： Purplish 5： Purple	紫红色
44	218	柱头色	柱头色	Stigma colour	C	6			1：白色 2：浅红色 3：浅紫色 4：紫红色 5：紫色	1： White 2： Light red 3： Light purple 4： Purplish 5： Purple	白色
45	219	株型	株型	Plant type	C	4			1：直立 2：中间 3：开张	1： Eredct 2： Medium 3： Prostrate	直立
46	220	鞘状苞长度	鞘状苞长度	Bractical sheath length	N	4	1	cm			3.6

（续）

序号	代号	描述符	字段名	字段英文名	字段类型	字段长度	字段小数位	单位	代码	代码英文名	例子
47	221	鞘状苞颜色	鞘状苞颜色	Bractical sheath colour	C	6			1：绿色 2：浅红色 3：红色 4：紫红色 5：紫色	1：Green 2：Light red 3：Red 4：Light purple 5：Purplish	紫红色
48	222	幼果颜色	幼果颜色	Yong fruit colour	C	6			1：绿色 2：浅红色 3：红色 4：紫红色 5：紫色	1：Green 2：Light red 3：Red 4：Light purple 5：Purplish	绿色
49	223	果壳色	果壳色	Involucre colour	C	6			1：白色 2：黄白色 3：黄色 4：灰色 5：棕色 6：深棕色 7：蓝色 8：褐色 9：深褐色 10：黑色	1：White 2：Yellowish white 3：Yellow 4：Gray 5：Brown 6：Dark brown 7：Blue 8：Brownish 9：Dark brownish 10：Black	白色
50	224	总苞形状	总苞形状	Involucre shape	C	8			1：卵圆形 2：近圆柱形 3：椭圆形 4：近圆形	1：Ovate 2：Long-globose 3：Elliptic 4：Semi-rounded	卵圆形

（续）

序号	代号	描述符	字段名	字段英文名	字段类型	字段长度	字段小数位	单位	代码	代码英文名	例子
51	225	籽粒长度	籽粒长度	Involucre lengh	N	5	2	mm			9.03
52	226	籽粒宽度	籽粒宽度	Involucre width	N	5	2	mm			6.52
53	227	总苞质地	总苞质地	Involucre texture	C	6			1: 珐琅质 2: 甲壳质	1: Enamel 2: Chitin	珐琅质
54	228	种仁色	种仁色	Grain colour	C	6			1: 白色 2: 浅黄色 3: 棕色 4: 红棕色	1: White 2: Light yellow 3: Brown 4: Redish brown	
55	229	薏米长度	薏米长度	Grain length	N	6		mm			4.01
56	230	薏米宽度	薏米宽度	Grain width	N	6		mm			2.51
57	231	百粒重	百粒重	100-fruit weight	N	6	2	g			30.10
58	232	百仁重	百仁重	100-grain weight	N	6	2	g			24.10
59	233	熟性	熟性	Maturity habit	C	6			1: 特早熟 2: 早熟 3: 中熟 4: 晚熟 5: 特晚熟	1: Extremely early 2: Early 3: Medium 4: Late 5: Extremely late	早熟

（续）

序号	代号	描述符	字段名	字段英文名	字段类型	字段长度	字段小数位	单位	代码	代码英文名	例子
60	234	胚乳类型	胚乳类型	Endosperm type	C	4			1：粳性 2：糯性	1: None glutinous 2: Glutinous	糯性
61	235	播种期	播种期	Sowing date	D	8					20140510
62	236	出苗期	出苗期	Emergence date	D	8					20140517
63	237	拔节期	拔节期	Jointing date	D	8					20140626
64	238	抽穗期	抽穗期	Heading	D	8					20140724
65	239	开花期	开花期	Flowering date	D	8					20140812
66	240	出苗至开花天数	出苗至开花天数	Time from emergence to flowering date	N	3	0	d			94
67	241	灌浆期	灌浆期	Grouting date	D	8					20120820
68	242	成熟期	成熟期	Maturing date	D	8					20140930
69	243	全生育期	全生育期	Period of duration	N	3	0	d			153
70	244	落粒性	落粒性	Shattering habit	C	2			1：强 3：中等 5：弱	1: Strong 3: Medium 5: Weak	强

（续）

序号	代号	描述符	字段名	字段英文名	字段类型	字段长度	字段小数位	单位	代码	代码英文名	例子
71	245	感光性	感光性	Light sensitivity	C				3：不敏感 5：中间型 7：敏感	3：None suspective 5：Medium 7：Suspective	不敏感
72	301	糙米率	糙米率	Milled rice rate	N	4	1	%			70.0
73	302	角质率	角质率	Endosperm corneous	N	4	1	%			40.1
74	303	硬度	硬度	Hardness	N	6	1	S			65.0
75	304	总淀粉含量	总淀粉含量	Grain starch content	N	5	2	%			62.00
76	305	直链淀粉含量	直链淀粉含量	Amylose content	N	5	2	%			5.00
77	306	支链淀粉含量	支链淀粉含量	Amylopectin content	N	5	2	%			58.00
78	307	可溶性糖含量	可溶性糖含量	Soluble saccharide	N	5	2	%			3.00
79	308	粗蛋白含量	粗蛋白含量	Grain proteincontent	N	5	2	%			10.00
80	309	赖氨酸含量	赖氨酸含量	Grian lysine content	N	5	2	%			

（续）

序号	代号	描述符	字段名	字段英文名	字段类型	字段长度	字段小数位	单位	代码	代码英文名	例子
81	310	苏氨酸含量	苏氨酸含量	Grian threonine content	N	5	2	%			
82	311	丝氨酸含量	丝氨酸含量	Grian serine content	N	5	2	%			
83	312	缬氨酸含量	缬氨酸含量	Grian valine content	N	5	2	%			
84	313	甲硫氨酸含量	甲硫氨酸含量	Grian methionine content	N	5	2	%			
85	314	异亮氨酸含量	异亮氨酸含量	Grian iso leucine content	N	5	2	%			
86	315	亮氨酸含量	亮氨酸含量	Grian leucine content	N	5	2	%			
87	316	苯丙氨酸含量	苯丙氨酸含量	Grian phenylalanine content	N	5	2	%			
88	317	粗脂肪含量	粗脂肪含量	Grain fat content	N	5	2	%			3.00
89	318	油酸含量	亚油酸含量	Grain linoleic acid content	N	5	2	%			0.02
90	319	亚麻酸含量	亚麻酸含量	Grain linolenic acid content	N	5	2	%			0.05

（续）

序号	代号	描述符	字段名	字段英文名	字段类型	字段长度	字段小数位	单位	代码	代码英文名	例子
91	320	亚麻酸含量	棕榈酸含量	Gran palmitic acid content	N	5	2	%			0.10
92	321	薏苡素含量	薏苡素含量	Grian coixol content	N	6	2	mg/g			8.30
93	322	总甾醇含量	总甾醇含量	Grian sterols total content	N	6	2	mg/100g			
94	323	维生素 B_1 含量	维生素 B_1 含量	Grian vitamin B_1 content	N	6	2	mg/100g			
95	324	维生素 E 含量	维生素 E 含量	Grian vitamin E content	N	6	2	mg/100g			
96	325	醇溶性浸出物含量	醇溶性浸出物含量	Ethanol-sol-ubeex trac-tives content	N	6	2	%			5.8
97	326	甘油三油酸酯	甘油三油酸酯	Triolein content	N	6	2	%			0.85
98	401	芽期耐旱性	芽期耐旱性	Drought tolerance in germination	C	4			1: 极强 3: 强 5: 中等 7: 弱 9: 极弱	1: Very strong 3: Strong 5: Medium 7: Weak 9: Very weak	强

（续）

序号	代号	描述符	字段名	字段英文名	字段类型	字段长度	字段小数位	单位	代码	代码英文名	例子
99	402	苗期耐旱性	苗期耐旱性	Drought tolerance in seeding stage	C	4			1：极强 3：强 5：中等 7：弱 9：极弱	1：Very strong 3：Strong 5：Medium 7：Weak 9：Very weak	强
100	403	全生育期耐旱性	全生育期耐旱性	Drought tolerance in growing period	C	4			1：极强 3：强 5：中等 7：弱 9：极弱	1：Very strong 3：Strong 5：Medium 7：Weak 9：Very weak	强
101	404	芽期耐盐性	芽期耐盐性	Salt tolerance in germination stage	C	4			1：极强 3：强 5：中等 7：弱 9：极弱	1：Very strong 3：Strong 5：Medium 7：Weak 9：Very weak	强
102	405	苗期耐盐性	苗期耐盐性	Salt tolerance in seeding stage	C	4			1：极强 3：强 5：中等 7：弱 9：极弱	1：Very strong 3：Strong 5：Medium 7：Weak 9：Very weak	强

（续）

序号	代号	描述符	字段名	字段英文名	字段类型	字段长度	字段小数位	单位	代码	代码英文名	例子
103	406	苗期耐冷性	苗期耐冷性	Cold tolerance in seeding stage	C	4			1: 极强 3: 强 5: 中等 7: 弱 9: 极弱	1: Very strong 3: Strong 5: Medium 7: Weak 9: Very weak	强
104	407	抗倒伏性	抗倒伏性	Loging resistance	C	4			1: 极强 3: 强 5: 中等 7: 弱 9: 极弱	1: Very strong 3: Strong 5: Medium 7: Weak 9: Very weak	强
105	501	黑穗病抗性	黑穗病抗性	Head smut resistance	C	4			0: 免疫 (IM) 1: 高抗 (HR) 3: 抗 (R) 5: 中抗 (MR) 7: 感 (S) 9: 高感 (HS)	0: Immune 1: High resistant 3: Resistant 5: Medium resistant 7: Suspective 9: High suspective	高抗
106	502	白叶枯病抗性	白叶枯病抗性	Bacterial leaf blight resistance	C	4			0: 免疫 (IM) 1: 高抗 (HR) 3: 抗 (R) 5: 中抗 (MR) 7: 感 (S) 9: 高感 (HS)	0: Immune 1: High resistant 3: Resistant 5: Medium resistant 7: Suspective 9: High suspective	高抗

（续）

序号	代号	描述符	字段名	字段英文名	字段类型	字段长度	字段小数位	单位	代码	代码英文名	例子
107	503	玉米螟抗性	玉米螟抗性	European corn borer resistance	C	4			0：免疫（IM） 1：高抗（HR） 3：抗（R） 5：中抗（MR） 7：感（S） 9：高感（HS）	0：Immune 1：High resistant 3：Resistant 5：Medium resistant 7：Suspective 9：High suspective	高抗
108	504	黏虫抗性	黏虫抗性	Armyworm resistance	C	4			1：高抗（HR） 3：抗（R） 5：中抗（MR） 7：感（S） 9：高感（HS）	1：High resistant 3：Resistant 5：Medium resistant 7：Suspective 9：High suspective	高抗
109	601	核型	核型	karyotype	C	20					
110	602	指纹图谱	指纹图谱	Fingerprint	C	40					
111	603	备注	备注	Remarkers	C	30					

五　薏苡种质资源数据质量控制规范

1　范围

本规范规定了薏苡种质资源数据采集过程中的质量控制内容和方法。

本规范适用于薏苡种质资源的整理、整合和共享。

2　规范性引用文件

下列文件中的条款通过本规范的引用而成为本规范的条款。凡是注日期的引用文件，其后所有的修改单（不包括勘误的内容）或修订版均不适用于本规范。然而，鼓励根据本规范达成协议的各方研究是否可使用这些文件的最新版本。凡是不注明日期的引用文件，其最新版本适用于本规范。

ISO 3166　Codes for the Representation of Name of Countries

GB 5006—85　水稻、小麦、玉米、谷子、高粱等谷物籽粒中粗淀粉含量的测定

GB 7648—87　水稻、玉米、谷子籽粒直链淀粉测定法

GB/T 2260　中华人民共和国行政区代码

GB/T 2659　世界各国和地区名称代码

GB/T 2905—82　谷类、豆类作物种子粗蛋白测定法（半微量凯氏法）

GB/T 2906—82　谷类、油料作物种子粗脂肪测定方法

GB/T 4801—84　谷类籽粒赖氨酸测定法

GB/T 3543—1995　农作物种子检验规程

GB/T 5009.82—2003　食品中维生素 A 和维生素 E 的测定

GB/T 5009.84—2003　食品中硫胺素（维生素 B_1）的测定

GB/T 5513—2008　粮食、油料检验　还原糖和非还原糖测定法

GB/T 5497—85　粮食、油料检验　水分测定法

GB/T 12404　单位隶属关系代码

GB/T 21127—2007　小麦抗旱性鉴定评价技术规范

GB/T 25223—2010　动植物油脂甾醇组成和甾醇总量的测定方法

NY/T 56—1987　谷物籽粒氨基酸测定的前处理方法

NY/T 83—1988　米质测定方法

NY/T 2572—2014　植物新品种特异性、一致性和稳定性测试指南　薏苡
SN 33014—1987　出口油籽的油中长链脂肪酸组成的测定方法
DB33/T 858—2012　薏苡种植技术规程

3　数据质量控制的基本方法

3.1　形态特征和生物学特征观测性实验设计
3.1.1　试验地点
试验地点的环境条件应能够满足薏苡植株正常生长及其性状的正常表达。
3.1.2　田间试验设计
田间试验设计采用不完全随机区组排列，每份材料至少种植 3 行，株行距（40~70）cm×（50~80）cm，每穴 1 株，每份种质材料的试验小区保留 50 株以上的群体，种植方式依种质材料和当地种植习惯而定。

形态学特征和生物学特性观测试验应设置对照品种，试验地周围应设置保护行或保护区。
3.1.3　栽培环境条件控制
试验地的土质应该有当地的代表性，前茬一致，土壤肥力中等、均匀，具有灌溉条件，试验地要远离污染、无人畜侵扰、附近无高大建筑物。根据当地实际情况确定播种日期。试验地的田间管理与薏苡生产管理基本相同，但需要及时除去杂株，及时防治病虫害，保障植株的正常生长。

3.2　数据采集
形态特征和生物学特性观测试验原始数据的采集应在种质正常生长的情况下进行。按照统一的记载标准，进行田间调查。如遇自然灾害等因素严重影响植株正常生长，应重新进行观测试验和数据采集。

3.3　试验数据的统计分析和校验
每份种质的形态特征和生物学特性观测数值依据对照进行校验。根据两年以上的观测校验值，计算每份种质性状的平均值、变异系数和标准差，并进行分析，判断实验结果的稳定性和可靠性。取校验值的平均值作为该种质的性状值。

4　基本信息

4.1　全国统一编号
种质资源唯一的标识号。薏苡种质资源的统一编号是由 ZI 加 6 位数字组成，如 ZI000001。ZI 代表中国薏苡，后六位数代表国内种质的顺序号，序号前由"0"来补足字符空白。

4.2 种质库编号

种质库编号是由"I7C"加五位阿拉伯数字组成的字符串，如 I7C00911。I7C 代表薏苡种质资源，五位序号代表各份薏苡种质资源具体编号。只有入国家农作物种质资源长期库的种质才有种质库编号，每份种质具有唯一的种质库编号。

4.3 采集号

在野外考察或种质征集中赋予的编号。采集号没有统一标准，一般由考察者统一命名。

4.4 种质名称

国内薏苡种质资源的正式名称，或国外引进种质的中文译名，如果有多个，其他名称可放在英文括号内，用英文逗号分开，如种质名称 1（种质名称 2，种质名称 3）；国外引进种质资源尚未译成中文名称的，可以填写外文名称。

4.5 种质外文名

国外引进薏苡种质资源的外文名称，应注意大小写和空格；国内薏苡种质资源对外交流用的汉语拼音名称，如野薏米的汉语拼音 YE YI MI，每个汉语拼音字母全部大写。

4.6 科名

科名由拉丁名加括号内的中文名组成，如 Gramineae（禾本科），如果没有中文名，直接写拉丁名。本规范涉及的薏苡种质均为 Gramineae。

4.7 属名

属名由拉丁名加括号内的中文名组成，如 *Coix*（薏苡属），如果没有中文名，直接写拉丁名。本规范涉及的薏苡种质均为 *Coix*。

4.8 学名

学名由拉丁名加括号内的中文名组成，如 *Coix lacryma-jobi* L.（薏苡）。如没有中文名直接写拉丁名。

4.9 原产国（地区）

薏苡种质原产国家名称、地区名称或国际组织名称。国家和地区名称参照 ISO3166-1、ISO3166-2 和 ISO3166-3，如该国家已不存在，应在原国家名称前加"原"，如原苏联。国际组织名称用该组织的英文缩写，如 NBPGR。

4.10 原产省

国内薏苡种质原产省份名称，参照 GB/T 2260。国外引进种质，原产国家一级行政区名称。

4.11 原产地

国内薏苡种质原产县、乡、村名称。县名参照 GB/T 2260。

4.12　海拔

薏苡种质原产地海拔高度，单位：m。

4.13　经度

薏苡种质原产地的经度，单位为（°）和（′）。格式为 DDDFF，其中 DDD 为度，FF 为分。东经为正值，西经为负值。例如，12125 代表东经 121°25′，－10209 代表西经 102°09′。

4.14　纬度

薏苡种质原产地的纬度，单位为（°）和（′）。格式为 DDFF，其中 DD 为度，FF 为分。北纬为正值，南纬为负值。例如，3208 代表北纬 32°08′，－2542 代表南纬 25°42′。

4.15　来源地

国外引进薏苡种质的来源国、地区名称或国际组织名称，国内种质的来源省（自治区、直辖市）、县名称。国家、地区或国际组织名称同 4.10；省、县名称参照 GB/T 2260。

4.16　保存单位

薏苡种质提交国家农作物种质资源长期库前的原保存单位名称。单位应写全称，如中国农业科学院作物科学研究所、黔西南布依族苗族自治州农业科学研究所等。

4.17　保存单位编号

薏苡种质原保存单位赋予的种质编号。保存单位编号在同一保存单位应具有唯一性，一般由种质资源保存单位代号加顺序号组成，例如，I0008，其中"I"代表内蒙古赤峰市农业科学研究所，"0008"为在本单位种质顺序号。

4.18　系谱

薏苡选育品种（系）的亲缘关系。如黔薏苡 2 号为晴隆碧痕薏苡（♀）和普安糯薏苡（♂）杂交后代选系。

4.19　选育单位

选育薏苡品种（系）的单位名称或个人。单位名称应写全称，如中国农业科学院作物科学研究所、黔西南布依族苗族自治州农业科学研究所等。

4.20　育成年份

薏苡品种（系）培育成功的年份。例如，1987、2014 等。

4.21　选育方法

薏苡品种（系）的育种方法。例如，系选、杂交育种、辐射育种等。

4.22　种质类型

薏苡种质类型分为 6 类：

      1   野生资源

      2   地方品种

      3   选育品种

      4   品系

      5   遗传材料

      6   其他

4.23 图像名

薏苡种质资源的图像文件名。图像格式为.jpg。

4.24 观测地点

薏苡种质资源形态特征和生物学特征观测地点的名称，记录到省和县，如贵州兴仁。

4.25 用途

薏苡种质最主要和最普遍的用途。

      1   饲用（植株再生性强，茎叶用作青饲料或青贮饲料）

      2   粒用（总苞内薏苡仁饱满，淀粉丰富，以利用籽粒为主，作为药材、保健品等的原料）

      3   工艺用（总苞珐琅质、坚硬、平滑而有光泽，易穿线成串，淀粉少，食用价值小）

5 形态学特征和生物学特性

5.1 芽鞘色

以整个小区的幼苗芽鞘为观测对象，在第一片真叶展开时，肉眼直接观测幼苗芽鞘的颜色或用标准比色卡进行比对确认并记载。如果芽鞘颜色不一致，以多数幼苗的芽鞘颜色为准。

      1   浅黄色

      2   绿色

      3   紫色

5.2 幼苗叶色

以整个小区的幼苗叶片为观测对象，在3～5叶期，群体幼苗已展开叶片时，肉眼直接观测幼苗叶片的颜色或用标准比色卡进行比对确认并记载。如果颜色不一致，以多数幼苗的叶片颜色为准。

      1   绿色

      2   红色

      3   紫色

5.3 叶鞘色

以整个小区的幼苗叶鞘为观测对象，在 3～5 叶期，肉眼直接观测幼苗叶鞘的颜色或用标准比色卡进行比对确认并记载。如果叶鞘颜色不一致，以多数幼苗的叶鞘颜色为准。

    1   白色

    2   绿色

    3   紫色

5.4 幼苗生长习性

以整个小区的幼苗叶片为观测对象，采用目测法，在分蘖盛期，观测全区幼苗的主茎与分蘖的生长姿态。

    1   直立

    2   中间

    3   匍匐

5.5 总分蘖数

在薏苡成熟期，随机选取代表性植株 10 株（穴），调查单株一级分蘖总数（包括有效分蘖和无效分蘖），计算平均值，精确至 0.1，单位为个。

5.6 有效分蘖数

在薏苡成熟期，随机选取代表性植株 10 株（穴），调查单株一级有效分蘖数（结实形成产量的分蘖数目），计算平均值，精确至 0.1，单位为个。

5.7 株高

在薏苡种质成熟期，选取代表性植株 10 株（穴），测量主茎茎秆自地面至植株顶部总苞的距离，取平均值，精确到 0.1，单位为 cm。

5.8 着粒层

薏苡种质成熟时，选取代表性植株 10 株（穴），测量籽粒着粒部位的长度，精确到 0.1，单位为 cm。

5.9 主茎粗

在薏苡种质成熟期，选取代表性植株 10 株（穴），用游标卡尺测量主茎第一节间中部的长径（不包括叶鞘），取平均值，精确到 0.01，单位为 mm。

5.10 主茎节数

以整个小区为观测对象，于薏苡种质成熟时，选取代表性植株 10 株（穴），调查主茎秆具有的可见实际节数（节间长不小于 0.5cm），取平均值，精确至 0.1，单位为节。

5.11 分枝节位

以整个小区为观测对象，在薏苡种质成熟时，调查薏苡主茎第一分枝着生的节位。以多数的分支节位为准，单位为节。

5.12 一级分枝

以整个小区为观测对象，于薏苡种质成熟时，选取代表性植株 10 株（穴），调查植株地上部节位叶芽萌生的能够结实的一级分枝数目，取平均值，精确至0.1，单位为个。

5.13 叶长

在薏苡灌浆期，随机选取 10 株，测定主茎中部最大叶片基部至叶尖的长度，取平均值，精确到0.1，单位为 cm。

5.14 叶宽

在薏苡灌浆期，随机选取 10 株，测定主茎中部最大叶片最宽处的长度，取平均值，精确到0.1，单位为 cm。

5.15 花药色

以整个试验小区为观测对象，于薏苡种质开花时，肉眼直接观测花药的颜色。如果颜色不一致，以多数花药颜色为准。

    1   白色
    2   黄色
    3   浅紫色
    4   紫红色
    5   紫色

5.16 茎部蜡粉

以整个试验小区为观测对象，在灌浆期，肉眼直接观测茎秆蜡粉的有无。以多数植株的蜡粉存在状态为准。

    1   无
    2   有

5.17 茎秆颜色

以整个试验小区为观测对象，在灌浆期，肉眼直接观测茎秆的颜色。以多数植株的茎秆颜色为准。

    1   绿色
    2   浅红色
    3   红色
    4   紫红色
    5   紫色

5.18 柱头色

以整个试验小区为观测对象，于薏苡种质开花时，肉眼直接观测柱头的实际颜色。如果颜色不一致，以多数柱头颜色为准。

    1   白色

　　2　黄色

　　3　浅紫色

　　4　紫红色

　　5　紫色

5.19　株型

　　于抽穗期，以试验小区全部植株为观测对象，采用目测法，观察主茎和分蘖的离散程度。根据主茎和分蘖的离散程度及以下说明，确定种质植株的株型。

　　1　直立（主茎和分蘖结合紧密）

　　2　中间（主茎和分蘖稍有距离）

　　3　开张（主茎和分蘖距离较大，甚至基部稍成匍匐状）

5.20　鞘状苞长度

　　在灌浆期，随机选取 10 株，测量主茎上发育充分的最长鞘状苞长度（不含苞片），取平均值，精确到 0.1，单位为 cm。

5.21　鞘状苞颜色

　　于灌浆期，以试验小区全部植株为观测对象，采用目测法，观测薏苡鞘状苞的实际颜色。如果颜色不一致，以多数鞘状苞的颜色为准。

　　1　绿色

　　2　浅红色

　　3　红色

　　4　紫红色

　　5　紫色

5.22　幼果颜色

　　于灌浆期，以试验小区全部植株为观测对象，采用目测法，观测薏苡幼果的实际颜色。如果颜色不一致，以多数幼果的颜色为准。

　　1　绿色

　　2　浅红色

　　3　红色

　　4　紫红色

　　5　紫色

5.23　果壳色（粒色）

　　以整个小区植株为观测对象，于成熟期肉眼观测果壳（总苞）的实际颜色。如果颜色不一致，以多数果壳颜色为准。

　　1　白色

　　2　黄白色

3　黄色

4　灰色

5　棕色

6　深棕色

7　蓝色

8　褐色

9　深褐色

10　黑色

5.24　总苞形状（粒形）

薏苡总苞的实际形状。以成熟薏苡的总苞为观测对象，采用目测法观察，根据多数总苞的实际形状确定。

1　卵圆形

2　近圆柱形

3　椭圆形

4　近圆形

5.25　籽粒长度

薏苡总苞的最大长度。随机选取 10 个完整的成熟籽粒，采用游标卡尺测量其长径，取平均值，精确至 0.01，单位为 mm。

5.26　籽粒宽度

薏苡总苞的最大宽度。随机选取 10 个完整的成熟籽粒，采用游标卡尺测量其短径，取平均值，精确至 0.01，单位为 mm。

5.27　总苞质地

薏苡总苞的光泽及坚硬程度。以成熟的薏苡果为测试对象，目测法观察籽粒表观特征，手指按压法确定总苞的坚硬程度。

1　珐琅质（又称骨质或牙釉质，总苞平滑而有光泽，坚硬，手指按压不破）

2　甲壳质（又称草质，表面具纵长条纹，质地较软而薄，揉搓或手指按压可破）

5.28　种仁色

薏苡种质种仁的实际颜色。以成熟的薏苡果仁为观测对象，采用目测法，根据多数种仁表面的实际颜色确定。

1　白色

2　浅黄色

3　棕色

4　红棕色

5.29　薏米长度

薏苡仁的最大长度。随机选取 10 个完整的薏苡糙米，采用游标卡尺测量其长径，取平均值，精确至 0.01，单位为 mm。

5.30　薏米宽度

薏苡仁的最大宽度。随机选取 10 个完整的薏苡仁，采用游标卡尺测量其短径，取平均值，精确至 0.01，单位为 mm。

5.31　百粒重（百果重）

薏苡正常成熟时收割脱粒，待自然充分干燥后，随机选取 100 粒完整总苞，称取重量，精确到 0.01，单位为 g。具体操作以 GB/T 3543—1995 为准。

5.32　百仁重

薏苡正常成熟时收割脱粒，待自然充分干燥后脱壳，随机选取 100 粒完整果仁（薏苡仁），称取重量，精确到 0.01，单位为 g。具体操作以 GB/T 3543—1995 为准。

5.33　熟性

以当地中熟品种为对照，结合下列说明，确定种质的熟性。

　　1　特早熟（比当地中熟品种早熟 7d 以上）

　　2　早熟（比当地中熟品种早熟 3d 以上）

　　3　中熟（与当地中熟品种的生育期近似）

　　4　晚熟（比当地中熟品种晚熟 3d 以上）

　　5　特晚熟（比当地中熟品种晚熟 7d 以上）

5.34　胚乳类型

胚乳粳糯性。以碘试剂（I_2 20mg/mL、KI 2mg/mL）快速染色法（参考方法）确定胚乳的粳糯性。碘染色鉴定方法的具体操作如下：

　　方法一：随机选取 10 粒剥壳，用刀片切断胚乳，然后在截面滴加碘试剂，糯性薏苡在断口呈现红棕色，非糯性（粳性）薏苡断口呈蓝色反应。

　　方法二：每份种质随机选取 10 个籽粒，剥壳、压碎，放入组织培养板的小室内，加入 1mL 去离子水，95℃水浴加热 1h 后，冷却至室温，使淀粉凝胶化。然后在每个小室内加入 50μL 碘试剂，显色 10~60s，显示红棕色的为糯性，深蓝色的为非糯性。

　　1　粳性

　　2　糯性

5.35　播种期

薏苡种质的实际播种日期，记为 YYYYMMDD。如 20140410，代表播种日期为 2014 年 4 月 10 日。

5.36 出苗期

以整个试验小区植株为调查对象，采用目测法，全试验小区50％种子发芽出土、苗高2cm时的时间。以年月日表示，格式YYYYMMDD。

5.37 拔节期

以整个试验小区植株为调查对象，采用目测法，50％植株的穗分化到伸长期，靠近地面用手能摸到茎节，茎节总长度为2～3cm时的时间。以年月日表示，格式YYYYMMDD。

5.38 抽穗期

以整个试验小区植株为调查对象，采用目测法，50％植株的小穗尖端从顶叶和侧顶叶抽出的时间。以年月日表示，格式YYYYMMDD。

5.39 开花期

以整个试验小区植株为调查对象，采用目测法，50％植株的雄花开始开花散粉的时间。以年月日表示，格式YYYYMMDD。

5.40 出苗至开花天数

从出苗次日至开花期的天数，根据开花期和出苗期进行计算。单位为d。

5.41 灌浆期

以整个试验小区植株为调查对象，采用目测法，50％植株的果实开始膨大，果实内从乳白色浆液至蜡质的时间。以年月日表示，格式YYYYMMDD。

5.42 成熟期

以整个试验小区植株为调查对象，采用目测法，80％的果实成熟的时间。以年月日表示，格式YYYYMMDD。

5.43 全生育期

薏苡种质从出苗到成熟的所需天数，单位为d。

5.44 落粒性

在薏苡颖果坚硬，80％以上薏苡果成熟后，以试验小区植株为观测对象，目测薏苡果的脱落程度，并根据观测结果及以下说明，确定种质落粒性。

    1   强（成熟期间遇风或过迟收割，薏苡果脱落较严重）

    3   中等（成熟期间不易落粒，遇风薏苡果脱落较少）

    5   弱（成熟期间遇风薏苡果不脱落）

5.45 感光性

在不同生态区的典型地区，按当地一般薏苡生产要求正常播种和田间管理，成熟期调查种质的田间长相和成熟程度，与该种质的原始生态区正常播种的对照相比较，确定该种质对光周期反应的敏感程度。

    3   不敏感（在不同生态区生长正常、成熟基本正常）

    5   中间型（在不同生态区生长正常、成熟明显推迟或提前）

  7 敏感（在不同生态区不正常生长或基本不能成熟）

6 品质特性

6.1 糙米率

单位薏苡果（总苞）脱壳碾出薏苡糙米质量的百分数，以％表示。具体操作以 GB/T 201499—2008 为准。

6.2 角质率

经过籽粒脱壳和清选后，随机选取风干后的薏苡仁 10 粒，纵切籽粒目测估计角质胚乳所占的比例，以％表示。根据角质胚乳所占的比例可分为：

  1 角质（角质胚乳占比＞90％）

  2 偏角质（70％＜角质胚乳占比≤90％）

  3 半角质（40％＜角质胚乳占比≤70％）

  4 偏粉质（20％＜角质胚乳占比≤40％）

  5 粉质（角质胚乳占比≤20％）

6.3 硬度

随机选取干燥健全的薏苡仁 30g，参照李西开主编《粮食作物品质鉴定的优选方法》中"籽粒硬度的测定（研磨时间法）"所介绍的方法测定硬度，重复 2 次，取平均值，精确至 0.1s。

硬度测定可选用国产 ZLY‐1 型自动粮食硬度计或德国 Brabender 公司制造的微型硬度计。称取 6.0g 籽粒样品，放入仪器进料口，启动按钮，当流出的粉碎物达到 4g 时，计时器自动停止计时，此时记录显示器的研磨时间。

6.4 总淀粉含量

薏苡仁中总淀粉含量（干基）的质量百分比，以％表示。

随机抽取薏苡仁 100g，用粉碎机粉碎过 100 目筛，制备成分分析标准粉样。按照 GB 5006—85《水稻、小麦、玉米、谷子、高粱等谷物籽粒中粗淀粉含量的测定》规定的方法测定总淀粉含量，2 次重复，计算平均值，精确到 0.01。

6.5 直链淀粉含量

薏苡仁中直链淀粉含量占总淀粉含量（干基）的质量百分比，以％表示。

按 6.4 方法，制备标准粉样，按照 GB 7648—87《水稻、玉米、谷子籽粒直链淀粉测定法》规定的方法测定直链淀粉含量，2 次重复，计算平均值，精确到 0.01。

6.6 支链淀粉含量

薏苡仁中支链淀粉含量占总淀粉含量（干基）的质量百分比，以％表示。

根据 6.5 和 6.6 的结果，支链淀粉含量（％）＝1－直链淀粉含量。2 次重复，计算平均值，精确到 0.01。

6.7　可溶性糖含量

薏苡仁中可溶性糖含量（干基）的质量百分比，以％表示。

按照 GB/T 5513—2008《粮食、油料检验　还原糖和非还原糖测定法》规定的方法测定籽粒中可溶性糖含量，2 次重复，计算平均值，精确到 0.01。

6.8　粗蛋白含量

按照 GB/T 2905—82《谷类、豆类作物种子粗蛋白测定法》规定的方法测定粗蛋白含量（干基），2 次重复，计算平均值，精确到 0.01，以％表示。

6.9　赖氨酸含量

按照 NY/T 56—1987《谷物籽粒氨基酸测定的前处理方法》规定的方法测定赖氨酸含量（干基），2 次重复，计算平均值，精确到 0.01，以％表示。

6.10　苏氨酸

按照 NY/T 56—1987《谷物籽粒氨基酸测定的前处理方法》规定的方法测定苏氨酸含量（干基），精确到 0.01，以％表示。

6.11　丝氨酸

按照 NY/T 56—1987《谷物籽粒氨基酸测定的前处理方法》规定的方法测定丝氨酸含量（干基），精确到 0.01，以％表示。

6.12　缬氨酸

按照 NY/T 56—1987《谷物籽粒氨基酸测定的前处理方法》规定的方法测定缬氨酸含量（干基），精确到 0.01，以％表示。

6.13　甲硫氨酸

按照 NY/T 56—1987《谷物籽粒氨基酸测定的前处理方法》规定的方法测定甲硫氨酸含量（干基），精确到 0.01，以％表示。

6.14　异亮氨酸

按照 NY/T 56—1987《谷物籽粒氨基酸测定的前处理方法》规定的方法测定异亮氨酸含量（干基），精确到 0.01，以％表示。

6.15　亮氨酸

按照 NY/T 56—1987《谷物籽粒氨基酸测定的前处理方法》规定的方法测定亮氨酸含量（干基），精确到 0.01，以％表示。

6.16　苯丙氨酸

按照 NY/T 56—1987《谷物籽粒氨基酸测定的前处理方法》规定的方法测定苯丙氨酸含量（干基），精确到 0.01，以％表示。

6.17　粗脂肪含量

按照 GB/T 2906—1982《谷类、油料作物种子粗脂肪测定方法》测定籽粒中粗脂肪含量（干基），精确到 0.01，以％表示。

6.18　油酸含量

测定方法参照 SN 33014—1987《出口油籽的油中长链脂肪酸组成的测定方法》执行。精确至 0.01，以%表示。

6.19　亚油酸含量

测定方法同 6.18。精确至 0.01，以%表示。

6.20　亚麻酸含量

测定方法同 6.18。精确到 0.01，以%表示。

6.21　薏苡素含量

以 HPLC 法测定（参考方法）薏苡仁中薏苡素含量（干基），2 次重复，取平均值，精确到 0.01，以 mg/100g 表示。

（1）样品制备　取干燥的薏苡仁样品，按四分法缩分。取不少于 20g 样品，用粉碎机粉碎至 95%的样品过 40 目筛，装入磨口玻璃瓶中，置于干燥阴凉处备用。

（2）色谱柱为 Agilent HC - C_{18} 色谱柱（4.6mm×250mm，5μm）；流动相为乙腈 0.1%磷酸水（V：V＝25：75）；流速为 1.0mL/min；柱温为 25℃；检测波长为 232nm。

（3）提取和溶解　取薏苡仁粉末 2～4g（精确至 0.000 1g）放入圆底烧瓶中，加入 50～100mL 丙酮，索氏提取至溶液近无色，冷却，使溶剂挥发干净，得薏苡素粗提物。用甲醇溶解粗提物，转移至 25mL 的容量瓶中，定容至 25～50mL，溶液用微孔滤膜（0.45μm）滤过，取滤液进样分析。

（4）标准曲线的制备　首先以甲醇配制 0.117 0mg/mL 的薏苡素母液，然后吸取 2、4、6、8、10μL，按上述色谱条件分别进样，测定其峰面积，以峰面积（A）为纵坐标，进样量（X）为横坐标绘制标准曲线。

（5）样品测定　精密吸取薏苡素对照品溶液和薏苡仁供试品溶液各 10μL 进样分析，采用二极管阵列检测器检测，得到对照品和供试样品溶液色谱图及薏苡素紫外光谱图。根据色谱峰在图纸上的相对位置做定性鉴定，根据峰面积确定含量。

6.22　总甾醇含量

采用气相色谱法（参考方法）测定，具体操作按照 GB/T 25223—2010《动植物油脂甾醇组成和甾醇总量的测定方法》规定的方法进行，取平均值，精确至 0.01，以 mg/100g 表示。

6.23　维生素 B_1 含量

采用荧光分光光度法测定，具体操作按照 GB/T 5009.84—2003《食品中硫胺素（维生素 B_1）的测定》规定的方法进行，取平均值，精确到 0.01，以 mg/100g 表示。

6.24　维生素 E 含量

采用高效液相色谱法测定，具体操作按照 GB/T 5009.82—2003《食品中维生素 A 和维生素 E 的测定》规定的方法进行，取平均值，精确至 0.01，以 mg/

100g 表示。

6.25　醇溶性浸出物含量

薏苡仁内醇溶性浸出物（干基）占米仁的质量百分比，以％表示。按照《中华人民共和国药典》（2010 版）规定的"冷浸法"或"热浸法"两种方法测定。试验重复 2 次，取平均值，精确至 0.01。两次结果的相对偏差不高于 5％。

（1）冷浸法　取供试品约 4g，称定重量，置 250～300mL 的锥形瓶中，精确加入无水乙醇 100mL，塞紧，冷浸，前 6h 内时时振摇，再静置 18h，用干燥滤器迅速滤过。精确量取滤液 20mL，置于已干燥至恒重的蒸发皿中，在水浴上蒸干后，于 105℃干燥 3h，移置于干燥器中，冷却 30min，迅速精确称定重量。除另有规定外，以干燥品计算供试品中水溶性浸出物的含量（％）。

（2）热浸法　取供试品 2～4g，称定重量，置 100～250mL 的锥形瓶中，精确加入水 50～100mL，塞紧，称定重量，静置 1h 后，连接回流冷凝管，加热至沸腾，并保持微沸 1h。放冷后，取下锥形瓶，密塞，称定重量，用乙醇补足减失的重量，摇匀，用干燥滤器滤过。精确量取滤液 25mL，置已干燥至恒重的蒸发皿中，在水浴上蒸干后，于 105℃干燥 3h，移置干燥器中，冷却 30min，迅速精确称定重量。除另有规定外，以干燥品计算供试品中水溶性浸出物的含量（％）。

6.26　甘油三油酸酯含量

采用 HPLC 法测定。参照《中华人民共和国药典》（2010 版）规定的"薏苡仁含量测定方法（甘油三油酸酯）"执行。试验重复 2 次，取平均值，精确至 0.01，以％表示。

色谱条件与系统适用性试验：以十八烷基硅烷键合硅胶为填充剂；以乙腈-二氯甲烷（65∶35）为流动相；蒸发光散射检测器。理论板数按甘油三油酸酯峰计算，应不得低于 5 000。

供试品溶液的制备与测定：取本品粉末（过 3 号筛）约 0.6g，精确称定，精确加流动相 50mL，称定重量，浸泡 2h，超声处理（功率 300W，频率 50kHz）30min，取出，放冷，称定重量，用流动相补足减失的重量，摇匀，用微孔滤膜（0.43μm）滤过，取滤液 10μL 上机测定。

7　抗逆性

7.1　芽期耐旱性

种子萌芽期间耐受土壤干旱的能力。实践中以聚乙二醇（PEG‐6000）溶液处理种子以模拟土壤干旱条件（参考方法）。

（1）鉴定方法　选取 50 粒正常成熟的薏苡总苞（薏苡果）过夜浸种，用 0.1％升汞消毒 8min（或 70％酒精消毒 15min），无菌水冲洗 5～7 次，置于铺有双层滤纸的培养皿中，加入－0.5MPa 的 PEG‐6000 溶液（192g PEG‐6000 溶于 1 000mL 去离子水中）20mL，以清水处理作对照，重复 3 次。于 23～25℃恒温培养箱中黑暗培养，第 4～8d 分别调查各处理的种子发芽率并计算相对发芽率。相对发芽率计算公式如下：

$$RG(\%) = 100 \times \sum (G_i/G_c)/3$$

式中：RG 为相对发芽率；G_i 为在聚乙二醇溶液中的发芽率；G_c 为清水对照发芽率。

（2）耐旱性级别的划分　种质芽期耐旱性划分为 5 个等级，以 3 次重复的平均值确定芽期耐旱性的强弱。

1　极强（$RG \geqslant 90\%$）

3　强（$70\% \leqslant RG < 90\%$）

5　中等（$50\% \leqslant RG < 70\%$）

7　弱（$30\% \leqslant RG < 50\%$）

9　极弱（$RG < 30\%$）

7.2　苗期耐旱性

苗期耐受土壤和大气干旱的能力。苗期耐旱性鉴定，采用两次干旱胁迫‐复水法（参考方法），3 次重复，每个重复保证 50 株幼苗。在塑料箱或花盆中装入 20cm 厚的中等肥力水平的耕层土壤（壤土），或在旱棚条件下，灌水至田间最大持水量的（80±0.5）%，逐粒精细播种，覆土 2cm。

（1）第一次干旱胁迫‐复水处理　待幼苗长至三叶期停止供水，开始进行干旱胁迫，当土壤含水量降至田间最大持水量的 15%～20% 时复水，使土壤水分达到田间最大持水量的（80±0.5）%。复水 120h 后调查存活状况，以叶片转绿者为存活。

（2）第二次干旱胁迫‐复水处理　第一次复水后即停止供水，进行第二次干旱胁迫，当土壤含水量降至田间最大持水量的 15%～20% 时复水，使土壤水分达到田间最大持水量的（80±0.5）%。复水后 120h 后调查存活状况，以叶片转绿者为存活。

（3）幼苗干旱存活率的实际值的计算

$$DS = (DS_1 + DS_2)/2 = (X_{DS_1} \cdot X_{TT}^{-1} \cdot 100 + X_{DS_2} \cdot X_{TT}^{-1} \cdot 100)/2$$

式中：DS 为干旱存活率的实际值；DS_1 为第一次干旱存活率；DS_2 为第二次干旱存活率；X_{DS_1} 为第一次复水后 3 次重复存活苗数的平均值；X_{DS_2} 为第二次复水后 3 次重复存活苗数的平均值；X_{TT} 为第一次干旱前 3 次重复总苗数的平均值。

（4）幼苗干旱存活率的校正值　计算干旱幼苗存活率的校正值（即多次幼苗干旱存活率实验结果的平均值），应首先计算幼苗干旱存活率实验值的偏差，计算公式为：

$$ADS_E = (ADS - ADS_A) \cdot ADS_A^{-1}$$

式中：ADS_E 为校正种质干旱存活率实测值的偏差；ADS 为校正种质干旱存活率的实测值；ADS_A 为待测种质干旱存活率的校正值。

$$DS_A = DS - ADS_A \cdot ADS_E$$

式中：DS_A 为待测材料干旱存活率的校正值；DS 为待测材料干旱存活率的实测值；ADS_E 为校正种质干旱存活率实测值的偏差。

（5）苗期抗旱性评价标准　根据反复干旱存活率及下列标准，确定种质苗期抗旱性的级别。

　　1　极强（$DS \geqslant 70.0\%$）

　　3　强（$60.0\% \leqslant DS < 70.0\%$）

　　5　中等（$50.0\% \leqslant DS < 60.0\%$）

　　7　弱（$40.0\% \leqslant DS < 50.0\%$）

　　9　极弱（$DS < 40.0\%$）

7.3　全生育期耐旱性

全生育期耐受土壤和大气干旱的能力，参照 GB/T 21127—2007《小麦抗旱性鉴定评价技术规范》的田间鉴定方法并进行改进（参考方法），通过旱棚进行鉴定。具体操作如下：

（1）实验设计　鉴定材料的小区面积不小于 $5m^2$，3 次重复，随机排列。

（2）田间鉴定

胁迫处理：上次收获至下次播种前，通过移动旱棚控制试验地接纳自然降水量，使 $0 \sim 150cm$ 土壤的储水量在 $150mm$ 左右；如果自然降水不足，需进行灌溉补水。播种前表土墒情应保证出苗，表墒不足时，要适量灌水。播种后试验地不再接纳自然降水。

对照处理：在旱棚外邻近的试验地设置对照试验。试验地的土壤养分含量、土壤质地和土层厚度应与旱棚的基本一致。田间水分管理要保证薏苡全生育期处于水分适宜状况，播种前表土墒情应保证出苗，表墒不足时要适量灌水。另外，分别在拔节期、孕穗期、灌浆期进行排水或灌水，使 $0 \sim 50cm$ 土层水分达到田间持水量的（80 ± 5）%。

（3）计算抗旱指数　首先测定小区籽粒产量，然后根据小区籽粒产量计算抗旱指数。计算公式如下：

$$DI = GY_{S \cdot T}^2 \cdot GY_{S \cdot w}^{-1} \cdot GY_{CK \cdot w} \cdot GY_{CK \cdot T}^{-2}$$

式中：DI 为抗旱指数；$GY_{S \cdot T}$ 为待测种质胁迫处理籽粒产量；$GY_{S \cdot w}$ 为待测种质对照处理籽粒产量；$GY_{CK \cdot w}$ 为对照品种对照处理籽粒产量；$GY_{CK \cdot w}$ 为对照品种胁迫处理籽粒产量。

（4）全生育期抗旱性评价标准　根据抗旱指数及下列标准，确定种质全生育期抗旱性级别。

1	极强（HR）（$DI \geqslant 1.30$）
3	强（R）（$1.10 \leqslant DI < 1.30$）
5	中等（MR）（$0.90 \leqslant DI < 1.10$）
7	弱（S）（$0.70 \leqslant DI < 0.90$）
9	极弱（HS）（$DI < 0.70$）

7.4　芽期耐盐性

种子萌发期对盐分胁迫条件的耐受能力。参照《小麦耐盐性鉴定评价技术规程》规定的方法进行。具体操作如下：

随机选取待测样品的成熟总苞（薏苡果）300 粒，清水浸种过夜，以 7％的漂白粉溶液消毒 2～3min（或 0.1％升汞消毒 8min），灭菌水冲洗 3 次，滤纸吸干附着水分。每个培养皿内铺双层滤纸，每皿 50 个总苞，分别加入 20mL 2％的 NaCl 溶液，加盖，重复 3 次（T_1、T_2、T_3）。对照加入等体积的去离子水，重复 3 次（CK_1、CK_2、CK_3），在（25±2）℃光照培养箱内培养，黑暗培养，于第 4～8 天调查种子发芽率，并计算相对盐害率，精确到 0.01，以％表示。计算公式：

$$REGR(\%) = (X_{CK} - X_T) \cdot X_{CK}^{-1} \cdot 100$$

式中：$REGR$ 为相对盐害率；X_{CK} 为对照组发芽率的平均值；X_T 为处理组发芽率的平均值。

1	高耐（HT）（$REGR < 20\%$）
3	耐盐（T）（$20\% \leqslant REGR < 40\%$）
5	中耐（MT）（$40\% \leqslant REGR < 60\%$）
7	敏感（S）（$60\% \leqslant REGR < 80\%$）
9	高感（HS）（$REGR \geqslant 80\%$）

7.5　苗期耐盐性

苗期植株耐受中等盐胁迫的能力。参照《小麦耐盐性鉴定评价技术规范》规定的方法进行。具体操作如下：

随机选取 100 个以上薏苡籽粒，播种于清洗后无盐的石英砂中，待生长至三叶期后，加灌（22±1）mΩ 的 NaCl 溶液，7～10d 后调查 100 株幼苗的盐害病症并划分盐害级别。

1　类苗：生长正常，无受害症状或仅有少许叶尖青枯。

2　类苗：生长基本正常，有 3 片绿叶。

3　类苗：生长受到抑制，整株仅有两片绿叶。

4　类苗：受害严重，整株仅有 1 片绿叶或仅存新叶存活。

5　类苗：全株死亡。

根据盐害级别计算盐害指数（salt injure index，SII），计算公式：

$$SII = (S_1 + 2S_2 + 3S_3 + 4S_4 + 5S_5)/5$$

式中：SII 为盐害指数；S_1、S_2、S_3、S_4、S_5 为各类苗数。

根据苗期盐害指数及以下标准，确定种质苗期耐盐性级别。

    1   高耐（HT）（$SII=20.0$）

    3   耐盐（T）（$20.0<SII\leqslant40.0$）

    5   中耐（MT）（$40.0<SII\leqslant60.0$）

    7   敏感（S）（$60.0<SII\leqslant80.0$）

    9   高感（HS）（$SII>80.0$）

7.6　苗期耐冷性

苗期对低温冷害的耐受能力。在人工控制条件下，进行耐冷性鉴定（参考方法）。在合适大小的塑料盒或育苗盘中播种，每份种质至少 50 株正常生长的植株。待生长至 4 叶 1 心叶时，将幼苗放入人工气候箱内，温度 0～2℃，光照 12h/d，处理 7d，7d 后调查记载幼苗萎蔫状况和幼苗存活率。

根据幼苗萎蔫程度和幼苗存活率的综合情况划分耐冷性级别。

    1   极强（叶片不萎蔫或叶片略有萎蔫，植株存活恢复生长率≥90％）

    3   强（叶片不萎蔫、发灰，75％≤植株存活恢复生长率<90％）

    5   中等（叶片中度萎蔫，40％≤植株存活恢复生长率<75％）

    7   弱（叶片萎蔫严重，25％≤植株存活恢复生长率<40％）

    9   极弱（叶片萎蔫严重，植株存活恢复生长率<25％，甚至全部死亡）

7.7　抗倒伏性

植株抗倒伏的能力。结合种质资源的农艺性状鉴定和繁育过程，进行抗倒伏性鉴定（参考方法）。具体方法如下：

在正常雨水年份进行薏苡抗倒伏性记载，要求有两年以上的观察记载结果。成熟期田间观察植株的抗倒伏能力，根据植株的田间倾斜程度和倾斜植株的比例，判定抗倒伏级别。

    1   极强（有 10％以内的植株倾倒，倾斜 30°以内）

    3   强（有 11％～30％的植株倾倒，倾斜 30°以内）

    5   中等（有 11％～30％的植株倾倒，倾斜 31°～45°）

    7   弱（有 30％～50％的植株倾倒，倾斜 31°～45°）

    9   极弱（有 50％以上的植株倾角 30°以上，或 30％以上植株倾斜 45°以上）

8　抗病虫性

8.1　黑穗病抗性

植株抵抗丝黑穗病菌（*Sporisorium relianum*）侵染的能力。采用人工接种鉴定的方法（参考方法）进行薏苡黑穗病抗性鉴定。

（1）鉴定材料准备　鉴定材料比正常播种提前7d左右。初步鉴定田间不设重复，顺序排列，两行区，行株距按当地种植习惯进行，每小区留苗50株以上。每50个小区设1个感病对照。

（2）接种菌土的制备　使用头年采收的成熟菌种，初鉴时用0.5%的菌土，播种前6d左右筛表层土壤，按比例将土与菌种混匀，保持一定湿度，使菌种萌发，用于覆盖种子。

（3）接种方法　穴播时在种子上严密覆盖100g菌土，随后覆土5cm左右，按正常田间管理，待病株症状明显后调查发病率。

初检要求对照区的平均发病株达30%以上，如果有一个对照区的发病率低于15%，或小区总株数低于50株，需要重新鉴定。初鉴表现抗病以上的种质，第二年用0.8%的菌土复鉴，设3次重复，根据2年以上的最高发病株百分率确定抗黑穗病级别。

抗性级别分级标准：

0　　免疫（IM）（无发病株）

1　　高抗（HR）（发病率<5%）

3　　抗（R）（5%≤发病率<10%）

5　　中抗（MR）（10%≤发病率<20%）

7　　感（S）（20%≤发病率<40%）

9　　高感（HS）（发病率>40%）

8.2　白叶枯病抗性

植株抵抗白叶枯病菌侵染的能力。参照水稻白叶枯病抗性鉴定方法（参考方法）。选择当地优势菌群中致病力稳定的菌株，在肉汁蛋白胨或其他培养基上，于28℃条件下培养3d，稀释成细菌浓度3×10^8个/mL的菌液。

首先对供试材料进行初鉴，初鉴时每份材料至少3穴，每穴1株，并设置对照材料。待植株长至7～8叶时，进行人工剪叶，每个植株接种3～5张伸展的叶片，每片剪去叶尖2cm，每剪1次，蘸菌液1次。在初筛中表现中抗以上的材料，均须复鉴。复鉴材料每份种质2行，10～20穴（株），用分别代表不同菌群的3个菌株进行剪叶接种鉴定。其他操作同初鉴。

接种后，待感病对照品种病情发展趋于稳定后（一般14～21d），进行调查。以每份材料或叶片为单位，按下列标准目测记载病情和评价抗性。

病情记载和抗性评价标准：

0　　免疫（IM）（剪口处仅干枯剪痕）

1　　高抗（HR）（剪口处有少量病斑≤6.0%）

3　　抗（R）（6.0%<病斑面积占叶面积比率≤12.0%）

    5   中抗（MR）（12.0%＜病斑面积占叶面积比率≤25.0%）

    7   感（S）（25.0%＜病斑面积占叶面积比率≤50.0%）

    9   高感（HS）（病斑面积占叶面积比率＞50%）

若以叶片为单位，应调查 20 片叶以上，并累计计算平均值，再按以下标准评价抗病性。

    0   免疫（IM）（平均病级为 0）

    1   高抗（HR）（平均病级≤1.0）

    3   抗（R）（1.0＜平均病级≤2.0）

    5   中抗（MR）（2.0＜平均病级≤3.0）

    7   感（S）（3.0＜平均病级≤4.0）

    9   高感（HS）（4.0＜平均病级≤5.0）

8.3 玉米螟抗性

植株抵抗亚洲玉米螟（*Ostrinia furnacalis*）侵害的能力。采用人工接种鉴定的方法（参考方法），具体操作如下：

种植密度、行株距和田间管理按照当地种植习惯进行，每份材料不少于 30 株，可设重复。每 30 份材料可设一组已知感虫对照材料，在薏苡植株拔节期进行人工接虫。接种时间在清晨或傍晚。将产在蜡纸上的玉米螟卵粒按密集程度剪成每块 30～40 粒卵的小块，当卵发育至黑头阶段，在每株薏苡的心叶上接种 2 块，约 60 粒卵。若接种后遇中雨以上的天气，应再接种 1 次。接种前进行田间灌溉，保证植株不萎蔫和田间有一定的湿度。接虫后若遇干旱，应及时进行灌溉。

调查记载及分级标准：接种 2～3 周后，逐株调查中上部叶片被玉米螟取食的状况。每份鉴定材料选取 30 株左右，按以下描述记载玉米螟食叶级别，然后计算各鉴定材料的平均食叶级别，根据食叶级别的平均值，划分各鉴定的虫害级别，评价抗虫性。

食叶级别	症状描述
1	仅个别叶片上有 1～2 个孔径≤1mm 虫孔
2	仅个别叶片上有 3～6 个孔径≤1mm 虫孔
3	少数叶片上有 7 个孔径≤1mm 虫孔
4	1～2 片叶上有 7 个孔径≤2mm 虫孔
5	少数叶片上有 3～6 个孔径≤2mm 虫孔
6	部分叶片上有 7 个以上孔径≤2mm 虫孔
7	少数叶片上有 1～2 个孔径＞2mm 的虫孔
8	部分叶片上有 3～6 个孔径＞2mm 的虫孔
9	大部分叶片上有 7 个以上孔径＞2mm 的虫孔

依据食叶级别平均值划分抗性：

1 高抗（HR）（1.0～2.9）

3 抗（R）（3.0～4.9）

5 中抗（MR）（5.0～6.9）

7 感（S）（7.0～8.9）

9 高感（HS）（9.0）

8.4 黏虫抗性

植株抵抗黏虫侵害的能力。抗性鉴定采用温室接虫的方法（参考方法）进行，具体操作方法如下：

（1）黏虫培养 田间采集黏虫或灯光诱捕等方法获得黏虫的成虫，将采集的黏虫放入饲养笼内，笼内放入沾满25％蜂蜜水的棉球，供其补充营养。将压皱的纸袋或信封挂在饲养笼顶部，用来收集虫卵。将收集虫卵放入容器内，待孵变时将幼虫分散到7～10d秧龄的水稻秧苗上。3～5d后，将幼虫移至用细筛网罩住的塑料盘上，将剪下的水稻、薏苡或其他禾本植物叶片放入盘中饲喂。

（2）薏苡幼苗培养 采用育苗盘或钵盘培养薏苡幼苗，每个种质的苗数不少于30株，并设置对照材料。出苗后1周左右，将初孵的一龄幼虫与磨碎的玉米粉混合，用接种器接种到幼苗上，大约2株幼苗接1头幼虫比较理想。接种后放入温室内培养，并用网笼罩住接虫的幼苗，防治被黏虫的天敌捕食。

（3）抗性鉴定与评价 接种后3～5d，每日检查幼苗的受害情况。当感虫对照的幼苗被食完时，按下列标准评定所有供试材料。

1 高抗（HR）（幼苗落叶率0～20％）

3 抗（R）（幼苗落叶率在21％～40％）

5 中抗（MR）（幼苗落叶率41％～60％）

7 感（S）（幼苗落叶率61％～80％）

9 高感（HS）（幼苗落叶率81％～100％）

9 其他特征特性

9.1 核型

不同种类的薏苡种质体细胞染色体的数目、大小、形态和结构特征的类型。用核型公式表示。

9.2 指纹图谱

薏苡种质的同工酶、DNA分子标记图谱及主要有效成分的指纹图谱（HPLC或GC图谱）。作每份种质资源的档案，用于薏苡种质资源的鉴别。

9.3 备注

薏苡种质资源特殊描述符或特殊代码的具体说明。

六 薏苡种质资源数据采集表

基本情况描述			
全国统一编号（1）		种质库编号（2）	
引种号（3）		采集号（4）	
种质名称（5）		种质外文名（6）	
科名（7）		属名（8）	
学名（9）		原产国（10）	
原产省（11）		原产地（12）	
海拔（13）		经度（14）	
纬度（15）		来源地（16）	
保存单位（17）		保存单位编号（18）	
系谱（19）		选育单位（20）	
育成年份（21）		选育方法（22）	
种质类型（23）	1：野生资源　2：地方品种　3：选育品种　4：品系　5：遗传材料		
图像（24）		观测地点（25）	
用途（26）	1：饲用　2：粒用　3：工艺用		
形态学特征和生物学特性			
芽鞘色（27）	1：白色　2：绿色　3：紫色		
幼苗叶色（28）	1：绿色　2：红色　3：紫色		
叶鞘色（29）	1：白色　2：绿色　3：紫色		
幼苗生长习性（30）	1：直立　2：中间　3：匍匐		
总分蘖数（31）	个	有效分蘖数（32）	个
株高（33）	cm	着粒层（34）	cm
主茎粗（35）	mm		
主茎节数（36）	节	分枝节位（37）	节
一级分枝（38）	个	叶长（39）	cm
叶宽（40）	cm		

（续）

花药色（41）	1：白色　2：黄色　3：浅紫色　4：紫红色　5：紫色
茎部蜡粉（42）	1：有　2：无
茎秆颜色（43）	1：绿色　2：浅红色　3：红色　4：紫红色　5：紫色
柱头色（44）	1：白色　2：黄色　3：浅紫色　4：紫红色　5：紫色
株型（45）	1：直立　2：中间　3：开张
鞘状苞长度（46）	cm
鞘状苞颜色（47）	1：绿色　2：浅红色　3：红色　4：紫红色　5：紫色
幼果颜色（48）	1：绿色　2：浅红色　3：红色　4：紫红色　5：紫色
果壳色（49）	1：白色　2：黄白色　3：黄色　4：灰色　5：棕色　6：深棕色 7：蓝色　8：褐色　9：深褐色　10：黑色
总苞形状（50）	1：卵圆形　2：近圆柱形　3：椭圆形　4：近圆形

籽粒长度（51）		籽粒宽度（52）	

总苞质地（53）	1：珐琅质　2：甲壳质
种仁色（54）	1：白色　2：浅黄色　3：棕色　4：红棕色

薏米长度（55）	mm	薏米宽度（56）	mm
百粒重（57）	g	百仁重（58）	g

熟性（59）	1：特早熟　2：早熟　3：中熟　4：晚熟　5：特晚熟
胚乳类型（60）	1：粳性　2：糯性

播种期（61）		出苗期（62）	
拔节期（63）		抽穗期（64）	
开花期（65）		灌浆期（66）	

出苗至开花天数 （67）	d

成熟期（68）		全生育期（69）	d

落粒性（70）	1：强　2：中等　3：弱
感光性（71）	3：不敏感　5：中间型　7：敏感

品质性状信息			
糙米率（72）	%	角质率（73）	%
总淀粉含量（74）	%	直链淀粉含量（75）	%

（续）

支链淀粉含量（76）	％	可溶性糖含量（77）	％
粗蛋白含量（78）	％	赖氨酸含量（79）	％
苏氨酸含量（80）	％	丝氨酸含量（81）	％
缬氨酸含量（82）	％	甲硫氨酸含量（83）	％
异亮氨酸含量（84）	％	亮氨酸含量（85）	％
苯丙氨酸含量（86）	％	粗脂肪含量（87）	％
油酸含量（88）	％	亚油酸含量（89）	％
亚麻酸含量（90）	％	薏苡素含量（91）	mg/100g
总甾醇含量（92）	mg/100g	维生素 B_1 含量（93）	mg/100g
维生素 E 含量（94）	mg/100g	醇溶性浸出物含量（95）	％
甘油三油酸酯含量（96）	％		
抗逆性状描述信息			
感光性（97）	3：不敏感 5：中间型 7：敏感		
芽期耐旱性（98）	1：极强 3：强 5：中等 7：弱 9：极弱		
苗期耐旱性（99）	1：极强 3：强 5：中等 7：弱 9：极弱		
全生育期耐旱性（100）	1：极强 3：强 5：中等 7：弱 9：极弱		
芽期耐盐性（101）	1：极强 3：强 5：中等 7：弱 9：极弱		
苗期耐盐性（102）	1：极强 3：强 5：中等 7：弱 9：极弱		
苗期耐冷性（103）	1：极强 3：强 5：中等 7：弱 9：极弱		
抗倒伏性（104）	1：极强 3：强 5：中等 7：弱 9：极弱		
抗病虫性状描述			
黑穗病抗性（105）	0：免疫（IM） 1：高抗（HR） 3：抗（R） 5：中抗（MR） 7：感（S） 9：高感（HS）		
白叶枯病抗性（106）	0：免疫（IM） 1：高抗（HR） 3：抗（R） 5：中抗（MR） 7：感（S） 9：高感（HS）		
玉米螟抗性（107）	1：高抗（HR） 3：抗（R） 5：中抗（MR） 7：感（S） 9：高感（HS）		

（续）

黏虫抗性（108）	1：高抗（HR）　　3：抗（R）　　5：中抗（MR）　　7：感（S） 9：高感（HS）
核型（109）	
指纹图谱（110）	
备注（111）	

填表人：　　　　　　　　　　　审核：　　　　　　　　年　　月　　日

七 薏苡种质资源利用情况报告格式

1 种质利用概况

每年提供利用的种质类型、份数、份次、用户数等。

2 种质利用效果及效益

提供利用后育成的品种（系）、创新材料，以及其他研究利用、开发创收等产生的经济、社会和生态效益。

3 种质利用经验和存在的问题

组织管理、资源管理、资源研究和利用等方面存在的问题。

八　薏苡种质资源利用情况登记表

种质名称					
提供单位		提供日期		提供数量	
提供种质类　型	地方品种□　育成综合种□　自交系□　国外引进品种□　国外引进综合种□ 国外引进自交系□　野生种□　遗传材料□　突变体□　其他□				
提供种质形　态	植株（苗）□　果实□　籽粒□　根□　茎（插条）□　叶□　芽□　花（粉）□ 组织□　细胞□　DNA□　其他□				
国家统一编号		国家中期库编号			
省级中期库编号		保存单位编号			

提供种质的优异性状及利用价值：

以下由种质利用单位填写

利用单位		利用时间	
利用目的			

利用途径：

取得实际利用效果：

种质利用单位盖章　　　种质利用者签名：　　　　　　年　　月　　日

主 要 参 考 文 献

国家药典委员会，2010. 中华人民共和国药典：一部 [M] . 2010 版 . 北京：中国医药出版社 .

韩龙植，2006. 水稻种质资源描述规范和数据标准 [M] //董玉琛，刘旭 . 农作物种质资源技术规范丛书 . 北京：中国农业出版社 .

黄亨履，陆平，朱玉兴，等，2007. 中国薏苡的生态型、多样性及利用价值 [J] . 作物品种资源，1995 (4)：4 - 8.

李厚聪，刘圆，袁玮，等，2009. HPLC 测定薏苡中薏苡素的含量 [J] . 华西药学，24 (5)：530 - 532.

李立会，李秀全，2006. 小麦种质资源描述规范和数据标准 [M] //董玉琛，刘旭 . 农作物种质资源技术规范丛书 . 北京：中国农业出版社 .

李酉开，1991. 粮食作物品质鉴定的优选方法 [M] . 北京：农业出版社 .

林汝法，柴岩，廖琴，等，2002. 中国小杂粮 [M] . 北京：中国农业科学技术出版社 .

陆平，2006. 高粱种质资源描述规范和数据标准 [M] //董玉琛，刘旭 . 农作物种质资源技术规范丛书 . 北京：中国农业出版社 .

石云素，2006. 玉米种质资源描述规范和数据标准 [M] //董玉琛，刘旭 . 农作物种质资源技术规范丛书 . 北京：中国农业出版社 .

杨万仓，2007. 中国薏苡遗传改良研究进展 [J] . 中国农学通报，23 (5)：188 - 191.

张明生，2013. 贵州主要中药材规范化种植技术 [M] . 北京：科学出版社 .

赵晓明，2000. 薏苡 [M] . 北京：中国林业出版社 .

郑殿生，王晓鸣，张京，2006. 燕麦种质资源描述规范和数据标准 [M] //董玉琛，刘旭 . 农作物种质资源技术规范丛书 . 北京：中国农业出版社 .

中国科学院中国植物志编辑委员会，1997. 中国植物志：第 10 卷 [M] . 北京：科学出版社 .

Pedersen, Bean J F S, Funnell D L, et al. 2004. Rapid iodine staining techniques for identifying the waxy phenotype in sorghum grain and waxy genotype in sorghum pollen [J] . Crop Sci. , 44：764 - 767.